全国典型流域（水系）水环境信息图鉴

以承德市为例

QUANGUO DIANXING LIUYU (SHUIXI) SHUIHUANJING XINXI TUJIAN YI CHENGDE SHI WEI LI

中国环境监测总站／编

中国环境出版集团·北京

图书在版编目 (CIP) 数据

全国典型流域（水系）水环境信息图鉴：以承德市为例 / 中国环境监测总站编 . —北京：中国环境出版集团，2020.12

ISBN 978-7-5111-4572-7

Ⅰ. ①全… Ⅱ. ①中… Ⅲ. ①地面水—环境信息—承德—图集 Ⅳ. ① P343-64

中国版本图书馆 CIP 数据核字（2020）第 259553 号

出 版 人 武德凯
责任编辑 曲 婷
责任校对 任 丽
封面设计 彭 杉

出版发行 中国环境出版集团
（100062 北京市东城区广渠门内大街 16 号）
网 址：http: //www.cesp.com.cn
电子邮箱：bjgl@cesp.com.cn
联系电话：010-67112765（编辑管理部）
010-67112736（第五分社）
发行热线：010-67125803，010-67113405（传真）
印 刷 北京中献拓方科技发展有限公司
经 销 各地新华书店
版 次 2020 年 12 月第 1 版
印 次 2020 年 12 月第 1 次印刷
开 本 787 × 1092 1/16
印 张 15
字 数 300 千字
定 价 95.00 元

序

水是生命之源，在人类的可持续发展中扮演着至关重要的角色，它是维系生命必不可少的关键因素。随着环境变化和社会发展，水生态环境问题受到越来越多人的关注。

承德市境内河流密集，水系复杂。受经济社会的发展、历史自然变迁和气候变化的影响，一些河流水系之间、同一河流环境质量监测断面之间的关系及特征发生了很大变化，现有的地表水基础信息已经不能反映承德市水系河流及其资源环境的整体变化情况，也不能适应当前生态环境保护和水资源利用的工作需求。

只有获取最新、最全的水系河流基础信息，设置最优的环境质量监测断面，取得具有代表性的、能够准确反映承德市地表水全流域环境质量的监测数据，才能更加高效地开展承德市水资源可持续利用和自然水体的生态环境保护工作，起到落实和厘清地方水生态环境保护责任的积极作用，使得地表水质量评价结果与人民群众的实际感受相一致。

随着计算机、遥感和地理信息技术的迅速发展，国内外学者对流域水环境和生态系统的研究越来越多，但目前的研究方向多侧重于水环境要素或生态系统的单方面研究，缺乏系统、全面反映水生态系统时空变异特征的有效手段，而作为流域时空信息的最直观的表现手段，图集在生态环境领域却鲜有应用。因此本次水系河流基础性图集的制作，也是一次对环境科技应用领域的探索，它具有结构系统化、表现直观、易于理解等优点。

希望借此图集，为承德市流域水生态管理目标与措施的制定提供翔实信息。

目 录

第1章　总　述

1.1　项目背景与技术成果

近年来，承德市流域水生态环境安全问题凸显。控制水生态系统恶化趋势，使其持续不断地为人民生活提供福利，实现社会—经济—生态复合系统的可持续发展已成为当前必须深入思考并迫切需要解决的问题。只有宏观上掌握流域整体水环境质量、污染变化及其分布规律，科学反映地表水环境污染特征，才能有针对性地制定出地方水环境保护政策和推进水污染防治工作。

为真实反映承德市水生态系统的层次结构与空间特征差异，揭示承德市地表水生态特征与环境要素之间的关系，从而制定科学的水环境管理目标，本书作者收集了大量历史监测数据，运用数理统计原理，评价流域历年的水质状况，筛选年际主要污染物指标，对监测断面的水质年际稳定性和变化趋势进行分析和归类，在此基础上采用 ArcGIS 软件、模板化制图技术，绘制承德市流域水文和生态环境图集并成册。

本图集共囊括了承德市滦河水系、北三河水系、辽河水系和大凌河水系的流域背景信息和子流域背景信息，同时包含了历史水化学信息、流域污染特征等基础信息，从空间、时间上全面反映了流域的水生态系统状况。同时，本图集还参考相关文献和研究成果，制作全流域的分级水生态功能区划图、流域土地利用现状图、生态保护红线划定图等，为“十四五”水生态环境保护工作的顺利实施提供参考资料。

1.2　工作内容

1.2.1　正本清源，厘清水系河流关系

承德市境内水系河流众多，部分河流汇入干流前，分成若干歧流支汊。溯本正源，是厘清水系河流关系的基础工作。本书选定河道源流的方法主要有以下形式：

"从习惯法"确定河流主源：大量河流迄今已"约定俗成"，河流源头经历史测绘，已形成较完备的地形图和档案资料；

有水为源：选定河流最上游有水源出现的位置；

河长为源：河流上游有多处发源地时，以河道最长的为主源；

流量大为源：以来水量最大的河道为主源；

走向顺直为主源：以上源河道来水走向与下游干流走向顺直的为主源。

1.2.2 河流名称的统一

承德市历史上为少数民族聚居地，相当数量的河流名称为少数民族语言的音译名称，因此存在一河多名、一河多个河段多个名称的状况。本图集对部分多称谓河流统一使用一个名称，原则上以《中国水资源评价》（1992 年）、《中国河流名称代码》（SL 249—2012）、《中国分省系列地图册》（2006 年）的河流名称进行规范定义，同时辅以当地流域管理机构的水文图集、《辞海・中国地理》等文献进行参考和补充。

1.2.3 关于河流历史

本图集力求追溯承德市域内各河流成因和历史水文特征变化。

河流主要成因可分为地球内力作用和风蚀、雪融、大气降水及地下水等外力作用。承德市处于燕山沉陷带和内蒙古地台的过渡地带，大气降水是区域地表水主要的补给来源，局部接受第四系孔隙水、基岩裂隙水补给。地质构造总体形迹有褶皱构造、断裂构造及火山构造三类，划分为两个水文地质区，即燕山山地水文地质区（Ⅲ）和坝上高原水文地质区（Ⅴ），燕山山地水文地质区又分为兴隆—平泉岩溶—裂隙水亚区（$Ⅲ_5$）和龙关—隆化裂隙水亚区（$Ⅲ_6$）。据古籍记载，历史上承德市流域水系密集，水量充沛。《辽史・地理志》《元史・河渠志一》《明史・地理志》《清・永平府志》对承德市的河流均有描述，"穿流燕山山地、水量丰厚、河予载舟、渔水趣乐"是对当时主要河流、水体功能的通常描述。近代受多种因素影响，该地区河流无论是数量还是径流量，都已不见历史景象。

1.2.4 生态环境质量监测点位优化和布设

从河流断面水质年际变化稳定性和相邻断面水质相关性两个方面对现有断面合理性进行分析，判断断面主要污染物测值年际变化是否稳定、相邻断面测值是否显著相关，由此推断断面布设是否合理。监测断面优化、布点方案的设计，选择以历史监测数据为基础，通过断面水质年际变异系数对相邻断面数据进行相关性分析，对现有断面的合理性进行检验，同时对相邻断面进行相关性检验；方案同时采用模糊聚类分析法对水环境监测断面进行分析，就是利用监测资料对区域水环境划分级别或类型，在空间上按环境污染性质和污染程度划分出不同的污染区域，结合水环境监测断面的重要性和沿程变化，科学合理地布设水环境监测断面，该方法采用MATLAB 软件的水质聚类分析模块，调用 MATLAB 中相应的函数进行计算。这种方法按照不同地表水断面的水质进行综合分类，并且充分考虑所有污染因子的影响，选择模糊综合评价中的加权模型，从而在水质综合评价中减少单因子评价的信息损失，使评价结果更加客观、真实。

断面的优化和布设还与断面功能、类型、污染源分布、河道水文特征、城市化及城市规模、环境管理的需要等因素有关，因此断面优化布点方案的设计同时需要对上述多种因素进行综合考虑。

1.2.5 数据准备、评价与处理

承德市河流环境质量监测信息来源于承德市生态环境监测系统的历史监测数据；部分新增断面环境质量监测信息来源于 2019—2020 年监测数据。水系河流地理信息来源于承德市自然资源和规划局城市地理信息数据中心。自然环境信息和社会经济信息来源于承德市统计局历年《承德统计年鉴》等相关资料。

地表水水质评价按照原环境保护部下发的《地表水环境质量评价办法（试行）》和《地表水环境质量评价技术规范》进行。地表水水质评价指标为《地表水环境质量标准》（GB 3838—2002）表 1 中除水温、总氮、粪大肠菌群以外的 21 项指标。水温、总氮、粪大肠菌群作为参考指标单独评价（河流总氮除外）；河流断面水质类别评价采用单因子评价法，即根据评价时段内该断面参评的指标中类别最高的一项来确定；当河流、流域（水系）的断面总数少于 5 个时，计算河流、流域（水系）所有断面各评价指标浓度算术平均值，然后按照“断面水质评价”方法评价，指出每个断面的水质类别和水质状况。当河流、流域（水系）的断面总数在 5 个及 5 个以上时，采用断面水质类别比例法，即根据评价河流、流域（水系）中各水质类别的断面数量占河流、流域（水系）所有评价断面总数量的百分比来评价其水质状况。河流、流域（水系）的断面总数量在 5 个及 5 个以上时不做平均水质类别的评价。

第 2 章　地表水环境质量监测断面设置

2.1　自然环境与社会经济情况

2.1.1　地理位置

承德市为河北省省辖市，位于河北省东北部，处于华北和东北两个地区的连接过渡地带，地跨北纬 40° 11′ ～42° 40′，东经 115° 54′ ～119° 15′，西南部与南部分别接临北京与天津，背靠蒙辽，省内与秦皇岛市、唐山市、张家口市相邻，北部与内蒙古赤峰市、锡林郭勒盟相邻，是国家甲类开放城市。承德市下设 4 个市辖区、1 个县级市、4 个县、3 个自治县、1 个开发区，土地面积为 3.95 万 km^2，总人口 353.18 万（截至 2018 年年末）。

2.1.2　地质地貌

承德市位于内蒙地轴南缘长期隆起的稳定地带，基底为古老的前震旦纪片麻岩，其上沉积有侏罗纪沙砾岩层，层理明显，垂直带颇多，河流河谷两侧有第三、第四纪沉积物覆盖在岩层上，出露的地层以中、新生界的喷出层为主，其次是侵入岩和火山沉积角砾岩。区域海拔范围 200～2 118 m。地质构造从大地单元上位于中朝陆台北缘，与内蒙地轴南缘相接，突出的地质特点为中国标准阿尔卑斯式褶皱构造，由于差异风化和摇动崩塌、侵蚀、溶融等多种地质作用，本地区形成了奇特的丹霞地貌。地质构造的多样性使区域内山峦叠嶂、沟壑纵横，山地、丘陵、盆地交错构成了承德地区瑰丽奇特的自然景观。

2.1.3　气象气候

承德市位于寒温带向暖温带过渡地区，属半干旱半湿润大陆性季风性山地气候。全市气候类型由北向南依次是亚寒带冷湿带、亚干旱中温带、亚湿润中温带和较湿润暖温带。由于承德地处内陆，气候受地形及季风环流影响显著，使之具有光照差异明显、四季分明、夏季无酷暑、冬季少严寒的气候特点。全市年均气温为

8.9℃（坝上地区 0～1℃，南部地区 9℃），1 月平均气温为 -9.1℃，7 月平均气温为 24.3℃，极端最低气温为 -42.9℃，极端最高气温为 41.5℃。无霜期 62～182 天，年均无霜期 160 天（坝上约 80 天）。年降水量为 400～800 mm，年平均降水量为 542 mm。长城一带是河北省最大的降水中心，年降水量约为 700 mm 以上。年蒸发量为 1 500 mm，北部地区为 1 350～1 400 mm，比年降水量大 1 倍。5 月蒸发量最大为 250 mm 左右，冬季 3 个月蒸发量只有 30～50 mm。年太阳光能总量为 129～135 $kcal/cm^2$ ①，年日照时数为 2 600～3 100 h。

2.1.4　水文地质和地表水系

承德地区划分为两个水文地质区，即燕山山地水文地质区（Ⅲ）和坝上高原水文地质区（Ⅴ），燕山山地水文地质区又分为兴隆—平泉岩溶—裂隙水亚区（$Ⅲ_5$）和龙关—隆化裂隙水亚区（$Ⅲ_6$）。

变质岩、火山岩、内陆沉积岩含水岩组（$Ⅲ_{6-1}$）：

含水层分布于除河流两岸及沟谷以外的广大地区，由于岩层大部分直接裸露于地表，故其风化带内一般均含有风化裂隙潜水，多呈面状分布，厚度在 20～50 m，大气降水为其主要补给来源，局部也可接受第四系孔隙水补给，并多以泉的形式排泄，地下水动态一般变化较大。

河谷孔隙潜水含水岩组（$Ⅲ_{6-2}$）：

含水层分布于滦河及伊逊河两岸及沟谷地带，岩性为粗砂卵石及圆砾层，底部隔水层为砂页岩及砾岩。水位埋深为 1.40～17.10 m，主要受大气降水、地表水和基岩裂隙水补给。

承德市大部分国土在滦河流域。根据水利部海河水利委员会的分区标准，承德市属于河北滦河流域亚区，在亚区之下，承德市又划定 4 个独立水资源分区，即滦河，北三河（潮河、白河、蓟运河），辽河和大凌河，且为诸水系之上游。全市流域总面积为 39 788.7 km^2，其中滦河和北三河占流域总面积的 72.5%；北三河流域面积为 6 776.7 km^2，占全市总流域面积的 17.0%；辽河流域面积为 3 718.9 km^2，占全市总流域面积的 9.4%；大凌河流域面积为 434.9 km^2，占全市总流域面积的 1.1%。

2.1.5　自然资源

承德市土地总面积为 395.13 万 hm^2，人均土地面积为 1.12 hm^2；林地总面积为

① 1 kcal=4.186 8 kJ，余同

187 万 hm^2，森林覆盖率为 47.2%；现有草场面积为 134.03 万 hm^2，占全市土地总面积的 33.92%，人均草场面积为 0.37 hm^2。2017 年承德市有国家级森林公园 6 个，省级森林公园 10 个，总面积为 1 062.68 km^2；国家级自然保护区 3 个，省级自然保护区 9 个，总面积为 2 880.5 km^2。其中所蕴含的生物资源十分丰富，具有较高的原生态保护价值。

承德市典型的植被类型有两类，坝上高原区为温带草原，其余地区为温带落叶阔叶林及温带针叶林。植被的垂直地带性以雾灵山和都山为典型。雾灵山的植被从下而上可分为松栎林带、云杉落叶松林带，在各种类型中落叶阔叶林占优势，桦杨林和栎林广泛分布；都山比较湿润，森林繁茂，森林植被中蒙古栎和山杨占优势，白桦在海拔 1 000 m 以上的地方出现。全市山地海拔低处灌丛占优势，常见的有照山白、榛、胡枝子、三裂绣线菊、蚂蚱腿子等。承德市植物区系属泛北极植物区、中国—日本森林植物亚区、华北平原山地亚区，共有高等植物 168 科 665 属 1 959 种，代表植物有油松、臭椿、荆条等，且具有属于东北地区及欧亚森林植物亚区大兴安岭地区成分的植物种类，代表树种有落叶松、白桦、黑桦、山杨、蒙古栎、胡桃楸、胡枝子、毛榛、平榛等。

承德市在全国动物地理区划中，位于东北、蒙新、华北 3 个动物地理区域地带，动物区系组成较复杂。全市共有陆生野生脊椎动物 4 纲 24 目 66 科 296 种、亚种，其中鸟纲物种最多，哺乳纲次之。鸟纲代表物种有苍鹭、杜鹃、大鵟、田鹀、灰喜鹊、喜鹊、大嘴乌鸦、猫头鹰等。哺乳纲代表物种有野兔、猪獾、赤狐、狍子、松鼠等。

承德市目前已探明的矿产有 98 种，已被开发利用的有 50 种，是我国除攀枝花外唯一的大型钒钛磁铁矿资源基地，已探明钒钛磁铁矿资源储量为 3.57 亿 t，超贫钒钛磁铁矿资源量 75.59 亿 t。黄金产量居河北省第一位，同时还有煤、钼、银、铜、铅、锌和油页岩、萤石、沸石、花岗岩、大理石等主要矿产资源。

2.1.6 社会经济情况

2017 年，承德市实现地区生产总值 1 618.6 亿元，比上年增长 7.1%。其中，第一产业增加值 252.2 亿元，增长 6.1%；第二产业增加值 746.5 亿元，增长 4.5%；第三产业增加值 619.9 亿元，增长 11.0%。全年实现财政收入 177.1 亿元，比上年增长 20.5%。公共财政预算支出 330.8 亿元。全年实现民营经济增加值 1 054.5 亿元，民营经济增加值占全市生产总值的比重达到 65.1%。民营经济中，第一产业增加值 35.1 亿元，第二产业增加值 612.2 亿元，第三产业增加值 407.1 亿元。全年粮食播种面积为 427.9 万亩[①]，粮食总产量为 138.4 万 t，其中，谷物产量为 107.7 万 t，豆类产量为 2.77 万 t，薯类（折粮）产量为 27.9 万 t。承德市森林抚育面积为 49.6 万亩，育苗面积为 12.7 万亩。园林水果产量为 140.5 万 t。

2017 年，全市实现工业增加值 632.8 亿元，比上年增长 4.5%。488 家规模以上工业企业实现工业增加值 563.9 亿元，增长 5.0%。在规模以上工业企业中，从登记注册类型来看，国有及国有控股企业增加值为 144.8 亿元，增长 3.8%；股份制企业增加值为 550.0 亿元，增长 4.7%。从行业来看，采矿业增加值为 261.3 亿元，增长 7.9%；制造业增加值为 246.2 亿元，增长 1.1%；电力、热力、煤气及水生产和供应业增加值为 56.4 亿元，增长 8.2%。从企业规模来看，83 家大中型企业增加值为 402.5 亿元，增长 5.8%。从轻重工业来看，轻工业增加值为 56.7 亿元，增长 9.1%；重工业增加值为 507.2 亿元，增长 4.5%。

2017 年，全市境内公路里程为 22 149.3 km。其中，等级公路为 21 450.9 km，高速公路为 758.5km，干线公路为 3 307.1 km。公路客运周转量为 88 817.5 万人 · km，货运周转量为 1 092 739.5 万 t · km。年末实有公共汽（电）车营运车辆 1 292 辆，客运总量为 14 248 万人次。全年实际利用外资 3 770 万美元，比上年下降 81.2%。其中，外商直接投资 2 723 万美元，下降 75.4%。在外商直接投资中，电力、热力生产及供应业为 2 636 万美元，制造业为 57 万美元。年末实有“三资”企业 95 家，比上年末减少 1 家。全年新批“三资”企业 6 家，与上年末持平；新批合同总金额 8 228 万美元，增长 4.2%，其中新批合同外资额 3 906 万美元，增长 13.4%。据海关统计，全市进出口总额为 44 388.9 万美元，比上年下降 6.7%。其中，出口额为 42 536.8 万美元，下降 2.8%。五矿产品出口额为 18 391 万美元，增长 6.6%；农副产品出口额为 6 363 万美元，增长 10.1%；机电产品出口额为 10 286 万美元，下降 9.5%（不包含河钢集团）。

2017 年，全市接待境内外游客 5 796.6 万人次，比上年增长 25.0%。其中，接待境内游客 5 761.5 万人次，增长 25.1%；接待境外游客 35.0 万人次，增长 7.9%。实现旅游总收入 683.5 亿元，比上年增长 34.9%。其中，境内旅游收入为 671.0 亿元，增长 35.5%。

---

① 1 亩 =1/15 hm^2，余同

2.2 河流水系情况

承德市境内有滦河、北三河、辽河、大凌河四大水系，境内河流全部发源于承德本市。全市流域面积为 100 km^2 以上的河流有 126 条，总长度为 5 744.23 km。其中流域面积大于 1 000 km^2 的河流有 12 条，径流长度 100 km 以上的河流有 9 条，跨省界（内蒙古自治区、北京市、辽宁省）的河流有 19 条，跨市界（张家口市、唐山市等）的河流有 6 条，承德市境内跨县（区）界的河流有 15 条，入海河流有 1 条（滦河，经秦皇岛市入渤海）。

承德市流域面积 100 km^2 以上的 126 条主要河流基础信息见表 2-1。

表 2-1　承德市 126 条主要河流地理、水文信息一览表

序号	河流名称	级别	流域面积 / km^2	区域内河长 / km	上一级河流	流经区域与长度	备注
滦河水系							
1	滦河	—	28 868.2	374	—	丰宁县 161.5 km、沽源县，内蒙古正蓝旗、多伦县，隆化县 113.29 km、滦平县 80.59 km、承德双滦区 33.07 km、承德双桥区 40.11 km、承德县 30.95 km、兴隆县 36.22 km、宽城县 23.96 km、迁西县、迁安市、滦县、卢龙县、昌黎县、滦南县、乐亭县	闪电河（黑风河汇合断面以上）、大滦河（吐力根河汇合断面至小滦河汇合断面）
2	二道河子河	1	121	30.88	滦河	河北丰宁县	—
3	胡明合河	1	129	7.5	滦河	河北丰宁县 7.5 km、沽源县	—
4	沙井子河	1	198.35	24.64	滦河	河北丰宁县 24.64 km，沽源县，内蒙古多伦县	又名鱼儿山河
5	头道河	2	457.19	33.29	沙井子河	河北丰宁县、沽源县，内蒙古多伦县	又名乔家围子河
6	骆驼场河	2	156.3	23.54	小河子河（内蒙古境内）	河北丰宁县，内蒙古多伦县	—
7	吐力根河	1	612	78.75	滦河	河北围场县，内蒙古克什克腾旗、多伦县	又名吐力根河（河北境内）
8	撅尾巴河	2	176.8	38.09	吐力根河	河北围场县，内蒙古多伦县	—
9	大河西沟河	1	157	34.42	滦河	丰宁县	—
10	槽碾西沟河	1	326	39.6	滦河	丰宁县	—
11	四岔口沟河	1	435	39.82	滦河	丰宁县	—
12	太阳店沟河	2	109	18.27	四岔口沟河	丰宁县	—
13	白云沟河	1	164	23.96	滦河	丰宁县	—
14	红石砬沟河	1	125	22.03	滦河	丰宁县	—

续表

序号	河流名称	级别	流域面积 / km^2	区域内河长 / km	上一级河流	流经区域与长度	备注
15	漠河沟河	1	128	30.89	滦河	隆化县	—
16	小滦河	1	2 038	152.1	滦河	围场县 124.33 km、隆化县 27.77 km	—
17	如意河	2	208	44.04	小滦河	围场县	—
18	头道河子河	2	129	16.91	小滦河	围场县	—
19	西南沟河	1	156	30.53	滦河	隆化县 30.53 km	—
20	鱼亮子北沟河	1	239	36.03	滦河	隆化县	—
21	三岔口沟河	1	138	23.13	滦河	隆化县	—
22	湾沟河	1	116	23.26	滦河	隆化县	—
23	兴洲河	1	1 965	125.95	滦河	丰宁县 107.29 km、滦平县 18.66 km	—
24	何营沟河	2	158	28.24	兴洲河	丰宁县	—
25	正北川河	2	261	39.1	兴洲河	丰宁县	—
26	白翅沟河	2	143	32.7	兴洲河	丰宁县	—
27	牤牛河	2	331	42.3	兴洲河	滦平县	—
28	伊逊河	1	6 734	236.73	滦河	围场县 96.39 km、隆化县 88.07 km、滦平县 32.61 km、双滦区 19.66 km	—
29	五道川河	2	158	22.27	伊逊河	围场县	—
30	大唤起沟河	2	299	50.34	伊逊河	围场县	—
31	道坝子沟河	2	229	42.88	伊逊河	围场县	—

续表

序号	河流名称	级别	流域面积 / km^2	区域内河长 / km	上一级河流	流经区域与长度	备注
32	不澄河	2	603	48.5	伊逊河	围场县	—
33	兰旗卡伦	3	178	35.39	不澄河	围场县	—
34	清泉河	3	101	19.57	不澄河	围场县	—
35	黄土坎河	2	214	24.77	伊逊河	围场县	—
36	东杨树沟河	2	128	23.42	伊逊河	隆化县	—
37	偏坡营河	2	177	25.13	伊逊河	隆化县	—
38	通事营河	2	256	34.54	伊逊河	隆化县	—
39	疙瘩营河	2	159	35.92	伊逊河	隆化县	—
40	蚁蚂吐河	2	2 422	143.13	伊逊河	围场县 63.62 km、隆化县 79.51 km	—
41	大柳塘子沟河	3	143	26.31	蚁蚂吐河	围场县	—
42	大孟奎沟河	3	267	29.45	蚁蚂吐河	围场县	—
43	小孟奎沟河	4	101	21.61	大孟奎沟河	围场县	—
44	燕格柏河	3	299	39.72	蚁蚂吐河	围场县	—
45	步古沟河	3	163	30.32	蚁蚂吐河	隆化县	又名补沟川河
46	白银沟河	3	211	25.08	蚁蚂吐河	隆化县	—
47	牤牛河	1	166	33.99	滦河	双滦区	—
48	清水河	1	255	36.32	滦河	滦平县 34.75 km、双滦区 1.57 km	王营子川河
49	武烈河	1	2 606	118.63	滦河	隆化县 50.72 km、承德县 30.48 km、双桥区 37.43 km	茅沟河（鹦鹉河汇合断面以上）

续表

序号	河流名称	级别	流域面积 / km^2	区域内河长 / km	上一级河流	流经区域与长度	备注
50	茅荆坝沟河	2	159	26.1	武烈河	隆化县	—
51	鹦鹉河	2	528	79.35	武烈河	隆化县 62.82 km、围场县 16.53 km	—
52	兴隆河	2	245	33.67	武烈河	隆化县 32.99 km、承德县 0.68 km	—
53	玉带河	2	737	61.49	武烈河	承德县	又名头沟川
54	何家河	3	241	25.22	玉带河	承德县	—
55	志云河	4	109	19.3	何家河	承德县	—
56	白河	1	694	83.31	滦河	承德县 59.28 km、双桥区 24.03 km	—
57	柴河	2	187	49.03	白河	承德县	—
58	老牛河	1	1 686	80.94	滦河	承德县	—
59	下院河	2	183	28.59	老牛河	承德县	—
60	岔沟河	2	136	18.22	老牛河	承德县	—
61	东山咀河	2	248	34.58	老牛河	平泉市 21.33 km、承德县 13.25 km	又名七沟河
62	野猪河	2	194	21	老牛河	平泉市 8.88 km、承德县 12.12 km	—
63	白马河	2	272	38.52	老牛河	承德县	—
64	干柏河	2	182	45.3	老牛河	承德县	—
65	暖儿河	1	233	51.21	滦河	承德县	—
66	柳河	1	1195	156.23	滦河	承德县 30.69 km、兴隆县 114.17 km、营子县 11.37 km	—
67	北水泉沟河	2	108	20.1	柳河	兴隆县	—
68	车河	2	158	29.94	柳河	兴隆县	—

续表

序号	河流名称	级别	流域面积 / km^2	区域内河长 / km	上一级河流	流经区域与长度	备注
69	瀑河	1	1 991	155.77	滦河	平泉市 91.85 km、宽城县 63.92 km	上游又名石拉哈沟河
70	赶瀑河子河	2	105	20.82	瀑河	平泉市	—
71	西河	2	177	37.6	瀑河	平泉市	又名车轮轿川河
72	大道虎沟	2	110	23.33	瀑河	平泉市	—
73	桲椤树河	2	167	30.55	瀑河	平泉市	—
74	浑河	2	297	35.4	瀑河	宽城县	—
75	小柳河	3	128	27.75	浑河	宽城县	—
76	孟子河	1	187	26.01	滦河	宽城县	—
77	潵河	1	1 136	98.3	滦河	兴隆县、迁西县	含横河
78	潵河南源	2	183	40.88	潵河	兴隆县	—
79	黑河	2	230	49.36	潵河	兴隆县	—
80	长河	1	391.06	57.6	滦河	宽城县、迁西县	—
81	青龙河	1	873.2	43.7	滦河	河北平泉市 24.63 km，辽宁凌源市，河北宽城县 19.07 km、青龙县、卢龙县、迁安市、滦县	主川又名古山子河
82	都阴河	2	455	50.12	青龙河	宽城县	又名汤道河
83	冰沟河	3	120	27.05	都阴河	宽城县	—
北三河水系							
84	天河	2	203	39.98	潮白河	河北丰宁县 39.98 km，北京怀柔区	—
85	汤河	2	622	65.99	潮白河	河北丰宁县 65.99 km，北京怀柔区	—

续表

序号	河流名称	级别	流域面积 / km^2	区域内河长 / km	上一级河流	流经区域与长度	备注
86	大西沟河	3	151	32.31	汤河	丰宁县	—
87	潮河	2	4 787.39	205.21	潮白河	河北丰宁县 138 km、滦平县 67.21 km，北京密云区	—
88	喇嘛山西沟河	3	701.7	38	潮河	丰宁县	—
89	小坝子沟河	3	318	32.26	潮河	丰宁县	—
90	潮河北源	3	580	44.96	潮河	丰宁县	—
91	乐国河	4	104	24.51	潮河北源	丰宁县	—
92	张百万沟河	4	161	26.35	潮河北源	丰宁县	—
93	撒袋沟河	3	207	34.31	潮河	丰宁县	—
94	西南沟河	3	205	28.82	潮河	丰宁县	—
95	长阁北沟河	3	201	30.19	潮河	丰宁县	—
96	塔黄旗北沟河	3	196	38.47	潮河	丰宁县	—
97	窄岭西沟河	3	242	29.65	潮河	丰宁县	—
98	石人沟河	3	349	33.5	潮河	丰宁县	—
99	曹碾沟河	4	143.79	11	石人沟河	丰宁县	—
100	官木山沟河	4	137	20.27	石人沟河	丰宁县	—
101	岗子河	3	228	35.13	潮河	滦平县	—
102	金台子河	3	268	36.79	潮河	滦平县	—

续表

序号	河流名称	级别	流域面积 / km^2	区域内河长 / km	上一级河流	流经区域与长度	备注
103	于营子河	3	129	23.17	潮河	滦平县	—
104	两间房河	3	377	38.55	潮河	滦平县	—
105	火斗山河	4	175	30.24	两间房河	滦平县	—
106	清水河	3	178.54	28.81	潮河	河北兴隆县 28.81 km，北京密云区	上潮河（大黄岩河汇合断面以上）
107	大黄岩河	4	120.07	39	清水河	河北兴隆县 39 km，北京密云区	又名清水河（河北境内）
108	小黄岩河	5	104.14	27.86	大黄岩河	河北兴隆县 27.86 km，北京密云区	—
109	泃河	2	288.7	18.3	蓟运河山地段	河北兴隆县，天津蓟县，北京平谷区，河北三河市，天津宝坻区	黄松峪（鲍邱河交汇口以下）
110	快活林河	3	106	19.37	泃河	兴隆县	—
111	洲河	2	386.5	12.3	蓟运河山地段	河北兴隆县 12.3 km、遵化市，天津蓟县	—
112	魏进河	3	155.23	19.34	洲河	河北兴隆县、遵化市	—
辽河水系							
113	老哈河	1	914.2	64.93	辽河	河北平泉市 64.93 km，内蒙古宁城县，辽宁建平县，内蒙古喀喇沁旗、赤峰市元宝山区、敖汉旗、赤峰市松山区、翁牛特旗、奈曼旗、开鲁县	—
114	长胜沟河	2	169	19.17	老哈河	平泉市	—
115	九神庙河	2	136	35.44	老哈河	平泉市	—
116	阴河	2	1534.8	71.23	老哈河	河北围场县 71.23 km，内蒙古赤峰市松山区、赤峰市红山区、赤峰市元宝山区	英金河（锡泊河汇合断面至英金河汇合断面）

续表

序号	河流名称	级别	流域面积 / km^2	区域内河长 / km	上一级河流	流经区域与长度	备注
117	山湾子河	3	524	53.59	阴河	围场县	—
118	梭罗沟河	4	103	24.34	山湾子河	围场县	—
119	七宝丘河	3	260	45.47	阴河	河北围场县 45.47 km，内蒙古赤峰市松山区	三义永河（河北与内蒙省界断面以上）
120	西路嘎河	3	685	61.73	阴河	围场县	乌拉岱河（河北境内）
121	二道川河	4	118	27.99	西路嘎河	围场县	—
122	喇嘛地河	4	497.6	32.7	西路嘎河	河北围场县 32.7 km，内蒙古喀喇沁旗、赤峰市松山区	又名按丹沟河、新地河（河北境内）
123	克勒沟河	5	253	35.07	喇嘛地河	围场县	—
大凌河水系							
124	大凌河西支	1	434.9	4.87	大凌河	河北平泉市 4.87 km，辽宁凌源市、内蒙古喀喇沁左翼县	小凌河（内蒙境内）
125	榆树林子河	2	223	30.32	大凌河西支	平泉市	—
126	宋杖子河	2	118	28.41	大凌河西支	河北平泉市 28.41 km，辽宁凌源市	打鹿沟河（河北与辽宁省界断面以上）
承德市共有 126 条流域面积在 100 km^2 以上的河流，总长度为 5 744.23 km。							

2.3 “十四五”地表水环境质量监测断面设置原则

承德市“十四五”地表水环境质量监测断面设置原则：①应有利于在总体和宏观上反映水系或区域的水环境质量状况；②监测断面的设置能够反映所在区域环境的污染特征；③监测断面能够保障以最优的设置获取足够有代表性的环境信息；④监测断面的设置能够满足实际采样的监测技术条件和可达性要求；⑤监测断面的布设应考虑社会经济发展、监测工作的实际状况和需要，具有相对的长远性；⑥监测断面的设置应有利于分清行政辖区的水生态环境保护责任；⑦监测断面的设置应有利于提高监测效率。

（1）科学性

充分考虑流域面积、河网密度、径流补给、水文特征等流域自然属性，在“十三五”地表水监测网格的基础上，覆盖承德市境内流域干流及其主要支流（年径流量占水系河流总径流量 80% 以上的支流），覆盖所有跨省和跨市、跨县的河流，基本覆盖划定为国家级水功能区的河流，覆盖所有大型水利设施所在水体。

充分考虑社会经济发展、城市规划布局以及区域污染排放情况，重点增设跨县（区）界主要河流的断面，实现县（区）级行政区域内主要跨界河流全覆盖。

（2）代表性

流域内河流监测断面统筹布设，须具有宏观性。在全面梳理承德市全流域水系分布和水环境质量现状的基础上，运用科学的手段和方法寻找、确定环境监测点位最优布设方案，设定的断面（点位）应具有区域空间代表性，能代表所在水系或区域的水环境质量状况，全面、真实、客观地反映所在水系或区域的水环境质量和污染物的时空分布状况及特征，满足环境质量评价和“水十条”考核要求，同时保障所获取的具有代表性的监测数据能够充分为厘清地方水生态环境保护责任提供支撑。

在“十三五”地表水监测网的基础上，围绕承德市自然保护区、集中式饮用水水源保护区、主要河流源头区、河口区增设监测断面，在环境脆弱区、污染密集区、生态敏感区增设监测断面，客观、准确地评价流域、区域内特殊水体质量状况。

（3）延续性

在现有国控断面、水功能区断面以及现有的省控、市控和县控断面基础上进行筛选调整。原则上除常年断流和不满足考核要求的断面外，国控断面予以保留；增加的断面优先考虑拟建设和已建设水质自动监测站的断面；尽量不新设断面，保证承德市监测数据的历史延续性，满足水环境质量时空变化趋势分析要求。

（4）全面性

在全面反映流域水生态环境状况的前提下，整合水功能区监测职能，满足全国重要江河湖泊水功能区水质评价需求，保障水体使用功能。逐步增加水量、水生态监测指标，推动水质监测向水资源、水生态、水环境统筹监测过渡。

2.4 “十四五”地表水环境质量监测断面覆盖范围

承德市“十四五”地表水环境质量监测断面设置有 179 个，这些河流广泛分布于承德市境内 8 县 5 区（含高新区），监测断面设置覆盖承德市境内各水系干流和径流量占比 80% 以上的各级支流，覆盖所有跨省、市和县界河流；基本覆盖划定为国家级水功能区的河流；基本覆盖承德市境内重点水生态涵养区、重点自然保护区、重点景区的河流。同时选取具有代表性的坝上森林天然湖泊、避暑山庄湖区等特殊水体，布设水环境质量监测点位。“十四五”监测断面的设置类型包括背景断面、控制断面、削减断面、省界断面、市界断面、县界断面、湖库点位、重要饮用水水源地断面（点位），同时兼顾了监测断面设置的可达性、采样便利性，又兼顾了主要污染源分布情况。

承德市“十四五”地表水环境质量监测断面见表 2-2；承德市“十四五”地表水环境质量监测断面设置总图见图 2-1。

表 2-2　承德市“十四五”地表水环境质量监测断面一览

序号	断面名称	断面地理信息	水功能区	断面属性	断面区域污染源及断面上游入河排污口设置情况
一、滦河水系					
（一）滦河—干流					
1	滦河源头	丰宁县大滩镇孤石牧场	—	原市控（保留）；生态补偿跨界断面	农村面源
2	丰宁滦河源头	丰宁县大滩镇孤石牧场	—	滦河源头保护区	农村面源
3	围场滦河上源	围场县赛罕坝	—	生态功能涵养区	无
4	滦河出境	丰宁县—张家口市沽源县	—	生态补偿跨界断面	农村面源
5	大河口	内蒙古自治区锡林郭勒盟多伦县	滦河蒙冀缓冲区	原市控（保留）；趋势研究	农村面源
6	滦河沿	丰宁县外沟门乡滦河沿村	滦河蒙冀缓冲区	新增设	农村面源
7	达子营	丰宁县外沟门乡	滦河河北承德保留区 1	原市控（保留）；生态补偿跨界断面；河长制	农村面源
8	外沟门乡与四岔口乡交界	丰宁县外沟门乡—丰宁县四岔口乡	滦河河北承德保留区 1	河长制	农村面源
9	四岔口乡与苏家店乡交界	丰宁县四岔口乡—丰宁县苏家店乡	滦河河北承德保留区 1	河长制	农村面源
10	东缸房	丰宁县—隆化县界	滦河河北承德保留区 1	生态补偿跨界断面；河长制	农村面源
11	郭家屯	隆化县郭家屯镇	滦河河北承德保留区 2	原国控（保留）	农村面源
12	水泉村与老窝铺村交界处	隆化县郭家屯镇—隆化县韩家店乡	滦河河北承德保留区 2	河长制	农村面源

续表

序号	断面名称	断面地理信息	水功能区	断面属性	断面区域污染源及断面上游入河排污口设置情况
13	阿虎沟门村与湾沟门村交界处	隆化县韩家店乡—隆化县湾沟门村	滦河河北承德保留区 2	河长制	农村面源
14	南北沟村与车道沟村交界处	隆化县湾沟门村—隆化县旧屯乡	滦河河北承德保留区 2	河长制	农村面源
15	老陡山电站	隆化县旧屯乡—隆化县太平庄乡	滦河河北承德保留区 2	河长制	农村面源
16	兴隆庄	隆化县—滦平县界	滦河河北承德保留区 2	原市控（保留）；生态补偿跨界断面；河长制	农村面源
17	二道河	滦平县西沟乡—滦平县金沟屯乡	滦河河北承德保留区 2	河长制	农村面源
18	柳家台	滦平县金沟屯乡—滦平县张百湾镇	滦河河北承德保留区 2	河长制	农村面源
19	九道河	滦平县—双滦区界	滦河河北承德保留区 2	原市控（保留）；生态补偿跨界断面	滦平县污水处理厂；农村面源
20	宫后	双滦区宫后村	滦河河北承德开发利用区；滦河河北承德饮用水水源保护区	原省控（保留）	农村面源
21	承钢大桥	双滦区双滦镇	滦河河北承德开发利用区；滦河河北承德饮用水水源保护区	原省控（保留）	城镇生活面源
22	偏桥子大桥	双滦区偏桥子镇	滦河河北承德开发利用区；滦河河北承德饮用水水源保护区	原国控（保留）	双滦区污水处理厂；城镇生活面源
23	石门子	双滦区—高新区	滦河河北承德开发利用区；滦河河北承德饮用水水源保护区	生态补偿跨界断面	双滦区污水处理厂；城镇生活面源
24	凤凰山大桥	高新区—双桥区	滦河河北承德开发利用区；滦河河北承德饮用水水源保护区	生态补偿跨界断面	城镇生活面源

续表

序号	断面名称	断面地理信息	水功能区	断面属性	断面区域污染源及断面上游入河排污口设置情况
25	市污水处理厂下游	双桥区—高新区	滦河河北承德开发利用区；滦河河北承德饮用水水源保护区	生态补偿跨界断面	承德市污水处理厂；城镇生活面源
26	上板城大桥	高新区上板城镇	滦河河北承德开发利用区；滦河河北承德饮用水水源保护区	原国控（保留）	承德市污水处理厂；城镇生活面源
27	漫子沟	高新区—承德县上板城镇漫子沟村	滦河河北承德开发利用区；滦河河北承德饮用水水源保护区	河长制；生态补偿跨界断面	承德市污水处理厂；城镇生活面源
28	大彭杖子新桥	高新区下板城镇—高新区八家乡	滦河河北承德开发利用区；滦河河北承德饮用水水源保护区	河长制	农村面源
29	乌龙矶大桥	承德县城下游乌龙矶村	滦河河北承德、唐山缓冲区	原省控（保留）	承德县污水处理厂；农村面源
30	门子哨	兴隆县门子哨村	—	原省控（保留）	农村面源
31	大杖子一	兴隆县大杖子乡	滦河河北承德、唐山缓冲区	原国控（保留）；生态补偿跨界断面；河长制	农村面源
（二）滦河一级支流：小滦河					
32	半壁山	围场县半壁山村	—	原市控（保留）；生态补偿跨界断面	农村面源
（三）滦河一级支流：兴洲河					
33	石岭	丰宁县—滦平县界	—	原市控（保留）；生态补偿跨界断面	农村（农业）面源
34	张百湾	滦平县—入滦河	—	原市控（保留）；生态补偿跨界断面	农村（农业）面源

续表

序号	断面名称	断面地理信息	水功能区	断面属性	断面区域污染源及断面上游入河排污口设置情况
35	西庙村	丰宁县—隆化县	—	生态补偿跨界断面	农村（农业）面源
（四）滦河一级支流：伊逊河					
36	段才大洼	围场县哈里哈乡—棋盘山镇	—	河长制	农村面源
37	白云皋	围场县棋盘山镇—龙头山乡	—	河长制	农村面源
38	围场上游	围场县龙头山乡	—	原省控（保留）	农村面源
39	二板沟门	围场县龙头山村—围场镇	—	河长制	农村面源
40	坡字村	围场镇—围场县四合永镇	—	河长制	围场县污水处理厂；城镇生活面源
41	营字村 6 组	围场县四合永镇—围场县庙宫水库	—	河长制	城镇生活面源；农村面源
42	唐三营	围场县—隆化县界	—	原国控（保留）；生态补偿跨界断面	农村面源
43	石片	围场县—隆化县界	—	生态补偿跨界断面；河长制	农村面源
44	西杨树沟村小桥下游 180 m	围场县唐三营镇—隆化县张三营镇	—	河长制	农村面源
45	河东村与颇赖村交界	隆化县张三营镇—隆化县偏坡营村	—	河长制	农村面源
46	沙坨子村	隆化县偏坡营村—隆化县汤头沟镇	—	河长制	农村面源
47	阿拉营村铁路桥下	隆化县汤头沟镇—隆化镇	—	河长制	农村面源
48	偏坡营乡	隆化县偏坡营乡出境水	—	河长制	农村面源
49	张三营镇	隆化县罗鼓营出境水	—	河长制	农村面源

续表

序号	断面名称	断面地理信息	水功能区	断面属性	断面区域污染源及断面上游入河排污口设置情况
50	茅茨路	隆化县—滦平县界	—	原市控（保留）；生态补偿跨界断面；河长制；趋势研究	农村面源
51	钓鱼台桥	滦平县红旗镇—滦平县小营乡	—	河长制	农村面源
52	姜田营	滦平县—双滦区界	—	原市控（保留）；生态补偿跨界断面；河长制	农村面源
53	李台	双滦区李台村	—	原国控（保留）	农村面源
（五）滦河一级支流：蚁蚂吐河					
54	双峰山桥	围场县—隆化县界	—	原市控（保留）；生态补偿跨界断面	承德泓辉双合淀粉有限公司和承德富龙现代农业发展有限公司入河排污口；农村面源
（六）滦河一级支流：武烈河					
55	茅沟河源头	隆化县茅沟乡；武烈河源头	—	生态补偿跨界断面	农村（农业）面源
56	郑家沟村与温泉村承赤高速大桥	隆化县茅荆坝乡—隆化县七家乡界	—	河长制	农村（农业）面源
57	大杨树林	隆化县—承德县界	—	生态补偿跨界断面	农村（农业）面源
58	磷矿上游	承德县高寺台镇	—	原国控（保留）；河长制	农村（农业）面源
59	头块地	承德县头沟镇—高寺台镇界	—	河长制	农村（农业）面源
60	甸子	承德县—双桥区界	—	生态补偿跨界断面；河长制	农村（农业）面源
61	上二道河子	承德市双桥区上二道河子镇	—	原国控（保留）	农村（农业）面源

续表

序号	断面名称	断面地理信息	水功能区	断面属性	断面区域污染源及断面上游入河排污口设置情况
62	旅游桥	承德市双桥区中心区	—	原省控（保留）	城镇生活面源
63	雹神庙	承德市双桥区雹神庙村	—	原国控（保留）；生态补偿跨界断面	城镇生活面源
（七）滦河二级支流：鹦鹉河					
64	梁家湾村	围场县—隆化县	—	生态补偿跨界断面	农村（农业）面源
65	隆化县邓厂村与榆树底大桥	隆化县荒地乡—隆化县章吉营乡	—	河长制	农村（农业）面源
66	南孤山村与北铺子交界处	隆化县章吉营乡—隆化县中关镇	—	河长制	农村（农业）面源
67	中关喜上喜水泥厂	隆化县—承德县界	—	生态补偿跨界断面	农村（农业）面源
68	营房	隆化县—承德县高寺台镇	—	河长制	农村（农业）面源
（八）滦河二级支流：玉带河					
69	三门村	承德县登上乡三道沟门村（发源地）	—	河长制	农村（农业）面源
70	南山桥	承德县登上乡—承德县三家乡	—	河长制	农村（农业）面源
71	大孤山	承德县三家乡—承德县高寺台镇	—	河长制	农村（农业）面源
（九）滦河二级支流：兴隆河					
72	马虎营与于家店村交界处	隆化县韩麻营镇—隆化县中关镇	—	河长制	农村（农业）面源
73	中关大桥	隆化县—承德县	—	河长制；生态补偿跨界断面	城镇生活、农村（农业）面源

续表

序号	断面名称	断面地理信息	水功能区	断面属性	断面区域污染源及断面上游入河排污口设置情况
(十)滦河一级支流：老牛河					
74	下板城	承德县老牛河口村，老牛河入滦河前断面	—	原市控(保留)；生态补偿跨界断面	农村(农业)面源
(十一)滦河一级支流：柳河					
75	兴隆上游	兴隆县兴隆镇红石砬村	柳河河北承德开发利用区、柳河河北承德饮用水水源保护区	原省控(保留)	农村(农业)面源
76	小河南	兴隆县兴隆镇—兴隆县平安堡镇界	柳河河北承德开发利用区、柳河河北承德饮用水水源保护区	河长制	兴隆县污水处理厂；城镇生活、农村(农业)面源
77	平安堡	兴隆县平安堡镇—承德市鹰手营子矿区界	柳河河北承德开发利用区、柳河河北承德饮用水水源保护区	原市控(保留)；生态补偿跨界断面；河长制	建龙特殊钢有限公司工业废水排污口；城镇生活、农村(农业)面源
78	大跳沟	承德市鹰手营子矿区—兴隆县北营房镇	柳河河北承德开发利用区、柳河河北承德饮用水水源保护区	生态补偿跨界断面；河长制	承德市平安矿业工业废水排污口；鹰手营子矿区污水处理厂；城镇生活、农村(农业)面源
79	26 号桥	柳河承德市鹰手营子矿区鹰手营子镇出境处	柳河河北承德开发利用区、柳河河北承德饮用水水源保护区	原国控(保留)	承德市平安矿业工业废水排污口；鹰手营子矿区污水处理厂；城镇生活、农村(农业)面源
80	杨家庄	兴隆县北营房镇—鹰手营子矿区李家营乡界	柳河河北承德开发利用区、柳河河北承德饮用水水源保护区	河长制	农村(农业)面源

续表

序号	断面名称	断面地理信息	水功能区	断面属性	断面区域污染源及断面上游入河排污口设置情况
81	李家营	老牛河鹰手营子矿区寿王坟镇李家营乡出境处	柳河河北承德开发利用区、柳河河北承德饮用水水源保护区	生态补偿跨界断面	城镇生活、农村（农业）面源
82	老牛河上	老牛河鹰手营子矿区寿王坟镇李家营乡出境处上游	柳河河北承德开发利用区、柳河河北承德饮用水水源保护区	河长制	农村（农业）面源
83	老牛河下	老牛河鹰手营子矿区寿王坟镇李家营乡出境处下游	柳河河北承德缓冲区	河长制	农村（农业）面源
84	三块石	老牛河鹰手营子矿区寿王坟镇李家营乡出境处下游 5 km 处	柳河河北承德缓冲区	新增设	农村面源
85	小邦沟	鹰手营子矿区寿王坟镇李家营乡—承德县界	柳河河北承德缓冲区	生态补偿跨界断面；河长制	农村（农业）面源
86	北营子	兴隆县北营子乡—承德县大营子乡界	柳河河北承德缓冲区	河长制	农村（农业）面源
87	姜家庄	柳河承德县姜家庄—兴隆县大杖子乡	柳河河北承德缓冲区	生态补偿跨界断面；河长制	农村（农业）面源
88	羊胡哨	柳河承德县姜家庄—兴隆县大杖子乡	柳河河北承德缓冲区	河长制	农村（农业）面源
89	柳河口	兴隆县大杖子乡柳河汇入滦河处	柳河河北承德缓冲区	河长制	农村（农业）面源
90	大杖子（二）	兴隆县大杖子乡柳河汇入滦河处	柳河河北承德缓冲区	原国控（保留）；生态补偿跨界断面	农村（农业）面源
（十二）滦河一级支流：瀑河					
91	八家大桥	平泉市卧龙镇—平泉市平泉镇界	瀑河河北承德源头水保护区	河长制	农村（农业）面源

续表

序号	断面名称	断面地理信息	水功能区	断面属性	断面区域污染源及断面上游入河排污口设置情况
92	平泉上游	瀑河平泉市平泉镇上游	瀑河河北承德源头水保护区	原省控（保留）	农村（农业）面源
93	瀑河沿	平泉市平泉镇—平泉市南五十家子镇界	瀑河河北承德源头水保护区	河长制	城镇生活、农村（农业）面源
94	黑山口路口桥	平泉市南五十家子镇—平泉市小寺沟镇界	瀑河河北承德开发利用区、柳河河北承德饮用水水源保护区	河长制	平泉市污水处理厂；城镇生活、农村（农业）面源
95	南三家村	平泉市小寺沟镇—平泉市党坝镇界	瀑河河北承德开发利用区、柳河河北承德饮用水水源保护区	河长制	农村（农业）面源
96	骆驼场	平泉市党坝镇骆驼场村—宽城县界	瀑河河北承德开发利用区、柳河河北承德饮用水水源保护区	生态补偿跨界断面；河长制	农村（农业）面源
97	党坝	平泉市党坝镇—宽城县界	瀑河河北承德开发利用区、柳河河北承德饮用水水源保护区	原国控（保留）	农村（农业）面源
98	骆驼场（二）	平泉市党坝镇骆驼场村—宽城县界	瀑河河北承德、唐山缓冲区	河长制	农村（农业）面源
99	偏山子	宽城县龙须门镇—宽城县宽城镇界	瀑河河北承德、唐山缓冲区	河长制	农村（农业）面源
100	西冰窖	宽城县宽城镇—宽城县化皮乡界	瀑河河北承德、唐山缓冲区	河长制	农村（农业）面源
101	老孙家	宽城县化皮乡—宽城县孟子岭乡	瀑河河北承德、唐山缓冲区	河长制	宽城县污水处理厂；农村（农业）面源
102	后杨树湾	宽城县宽城镇下河西村	瀑河河北承德、唐山缓冲区	原省控（保留）	宽城县污水处理厂；农村（农业）面源

续表

序号	断面名称	断面地理信息	水功能区	断面属性	断面区域污染源及断面上游入河排污口设置情况
103	大桑园	宽城县孟子岭乡大桑园村；瀑河入潘家口水库前	瀑河河北承德、唐山缓冲区	原国控（保留）；生态补偿跨界断面；河长制；监测点位上移	宽城县污水处理厂；农村（农业）面源
（十三）滦河一级支流：潵河					
104	龙井关村	兴隆县龙井关村—唐山市迁西县界	潵河河北承德、唐山保留区	原市控（保留）；生态补偿跨界断面	农村（农业）面源
105	蓝旗营	承德市兴隆县三道河镇花水村		原市控（保留）	农村（农业）面源
（十四）滦河一级支流：白河					
106	小白河南	承德市高新区白河南村、白河汇入滦河前	—	原市控（保留）；生态补偿跨界断面	承德市三融食品有限公司入河排污口；农村（农业）面源
（十五）滦河一级支流：吐力根河					
107	机械林场	围场县坝上机械林场	—	生态补偿跨界断面	农村（农业）面源
（十六）滦河一级支流：长河					
108	董家口村	宽城县董家口村；长河出境入唐山界	—	原市控（保留）；生态补偿跨界断面	农村（农业）面源
（十七）滦河一级支流：暖儿河					
109	老梁沟门	承德县老梁沟门村；暖儿河出境入滦河前	—	原市控（保留）；生态补偿跨界断面	农村（农业）面源

续表

序号	断面名称	断面地理信息	水功能区	断面属性	断面区域污染源及断面上游入河排污口设置情况
（十八）滦河一级支流：青龙河（都阴河）					
110	绊马河	宽城县大石柱子乡绊马河村、青龙河辽宁省入宽城县境	—	生态补偿跨界断面	农村（农业）面源
111	四道河	宽城县大石柱子乡四道河村、青龙河入秦皇岛市境	—	原省控（保留）	农村（农业）面源
（十九）滦河二级支流：黑河					
112	四楼沟村	兴隆县四楼沟村、黑河辽宁省入唐山市境	—	原市控（保留）；生态补偿跨界断面	农村（农业）面源
（二十）滦河二级支流：野猪河					
113	山湾子	承德县石灰窑乡	—	跨县界河流	—
（二十一）滦河二级支流：东山咀河					
114	后旗杆沟门	承德县后旗杆沟门旗杆沟门村	—	跨县界河流	—
（二十二）滦河二级支流：撅尾巴河					
115	八百亩	围场县八百亩村	—	跨省界河流	—
（二十三）滦河一级支流：沙井子河					
116	三道洼	丰宁县三道洼村	—	跨省界河流	—
（二十四）滦河二级支流：头道河					
117	油坊	丰宁县头道河村	—	跨市界河流	—
（二十五）滦河二级支流：骆驼场河					
118	草原乡	丰宁县草原乡	—	跨省界河流	—

续表

序号	断面名称	断面地理信息	水功能区	断面属性	断面区域污染源及断面上游入河排污口设置情况
（二十六）滦河一级支流：清水河					
119	凡西营	双滦区凡西营村	—	跨县界河流	—
（二十七）滦河一级支流：胡明合河					
120	胡明合	丰宁县胡明合村	—	跨市界河流	—
（二十八）滦河二级支流：白马河					
121	山咀村	承德县甲山镇山咀村	—	承德绿丰生态农业科技发展有限公司工业入河排污口下游监控断面	承德绿丰生态农业科技发展有限公司工业入河排污口；农村面源
二、北三河水系					
（二十九）北三河水系二级支流：潮河					
122	丰宁潮河源	丰宁潮河源头	潮河河北承德源头水保护区	丰宁潮河源头保护区	—
123	黄旗镇与土城镇交界	丰宁县黄旗镇与土城镇交界处	潮河河北承德源头水保护区	河长制	农村面源
124	丰宁上游	丰宁县土城镇千佛寺村	潮河河北承德源头水保护区	省控	农村面源
125	土城镇与大阁镇交界	丰宁县土城镇与大阁镇交界处	潮河河北承德源头水保护区	河长制	农村面源
126	大阁镇与南关乡交界	丰宁县大阁镇与南关乡交界处	潮河河北承德保留区	河长制	丰宁县污水处理厂入河排污口；农村面源
127	南关乡与胡麻营乡交界	丰宁县南关乡与胡麻营乡交界处	潮河河北承德保留区	河长制	农村面源
128	胡麻营乡与黑山嘴镇交界	丰宁县胡麻营乡与黑山嘴镇交界处	潮河河北承德保留区	河长制	农村面源

续表

序号	断面名称	断面地理信息	水功能区	断面属性	断面区域污染源及断面上游入河排污口设置情况
129	黑山嘴镇与天桥镇交界	丰宁县黑山嘴镇与天桥镇交界处	潮河河北承德保留区	河长制	农村面源
130	天桥	丰宁县天桥镇小辽东村、潮河丰宁县出境入滦平县	潮河河北承德保留区	生态补偿跨界断面；河长制	农村面源
131	营盘	滦平县巴克什营镇营盘村	潮河冀京缓冲区	原省控（保留）；生态补偿跨界断面	农村面源
132	古北口	北京市密云区古北口镇、潮河出承德市境入北京市	潮河冀京缓冲区	原省控（保留）；国考、生态补偿跨界断面	农村面源
133	丰宁县黄旗镇	丰宁县黄旗镇	潮河河北承德保留区	重要水涵养功能及水土保持功能的生态保护红线内潮河段及潮河下游段监测断面	农村面源
134	丰宁县窟窿山乡	丰宁县窟窿山乡	潮河河北承德保留区	重要水涵养功能及水土保持功能的生态保护红线内潮河段及潮河下游段监测断面	农村面源
135	滦平虎什哈镇	滦平虎什哈镇	潮河河北承德保留区	重要水涵养功能及水土保持功能的生态保护红线内潮河段及潮河下游段监测断面	农村面源
136	丰宁县土城镇	丰宁县土城镇	潮河河北承德保留区	潮河建设开发项目区（具有环境污染风险）潮河段及下游段监控断面	农村面源

续表

序号	断面名称	断面地理信息	水功能区	断面属性	断面区域污染源及断面上游入河排污口设置情况
137	丰宁县小坝子乡	丰宁县小坝子乡	潮河河北承德保留区	潮河建设开发项目区（具有环境污染风险）潮河段及下游段监控断面	农村面源
138	丰宁县城下游	丰宁县城下游	潮河河北承德保留区	潮河生态缓冲区（以拦截流域面源污染为主要目的）潮河段及下游段	农村面源
139	丰宁县南关蒙古族乡	丰宁县南关蒙古族乡	潮河河北承德保留区	潮河生态缓冲区（以拦截流域面源污染为主要目的）潮河段及下游段	农村面源
（三十）北三河水系二级支流：汤河					
140	（大草坪）大南沟门村	丰宁县大南沟门村、汤河丰宁县出境入北京界	汤河河北承德缓冲区	原市控（保留）；生态补偿跨界断面	农村面源
141	三道河	丰宁县三道河村	汤河河北承德保留区	水功能区断面	农村面源
（三十一）北三河水系三级支流：清水河					
142	墙子路	兴隆县六道河镇二道河村、清水河出兴隆县入北京市界	—	原国控（保留）；生态补偿跨界断面；河长制	农村面源
（三十二）北三河水系二级支流：泃河					
143	快活林村	兴隆县快活林村、泃河出兴隆县入天津市界	泃河冀京缓冲区	生态补偿跨界断面	农村面源
144	黄崖关	天津市蓟州区黄崖关镇黄崖关村	—	跨省界河流	农村面源

续表

序号	断面名称	断面地理信息	水功能区	断面属性	断面区域污染源及断面上游入河排污口设置情况
（三十三）北三河水系三级支流：喇嘛山西沟河					
145	喇嘛山	丰宁县喇嘛山	—	年径流量占水系河流总径流量 80% 以上的河流	农村面源
（三十四）北三河水系三级支流：西南沟河					
146	大地乡	丰宁县大地乡	—	年径流量占水系河流总径流量 80% 以上的河流	农村面源
（三十五）北三河水系三级支流：塔黄旗北沟河					
147	后沟门	丰宁县胡麻营乡后沟门村	—	年径流量占水系河流总径流量 80% 以上的河流	农村面源
（三十六）北三河水系三级支流：石人沟河					
148	黑山嘴镇	丰宁县黑山嘴镇	—	年径流量占水系河流总径流量 80% 以上的河流	农村面源
（三十七）北三河水系三级支流：岗子河					
149	虎什哈	滦平县虎什哈镇	—	年径流量占水系河流总径流量 80% 以上的河流	农村面源
150	岗子村	滦平县虎什哈镇	—	原市控（保留）	农村面源
（三十八）北三河水系三级支流：两间房河					
151	南东坡	滦平县南东坡村	—	年径流量占水系河流总径流量 80% 以上的河流	农村面源

续表

序号	断面名称	断面地理信息	水功能区	断面属性	断面区域污染源及断面上游入河排污口设置情况
（三十九）北三河水系四级支流：大黄岩河					
152	苗尔洞	兴隆县苗尔洞	—	跨省界河流	农村面源
（四十）北三河水系五级支流：小黄岩河					
153	石门山	兴隆县石门山	—	跨省界河流	农村面源
（四十一）北三河水系二级支流：洲河					
154	八卦岭	兴隆县八卦岭乡	—	跨市界河流	农村面源
（四十二）北三河水系三级支流：魏进河					
155	上官湖	兴隆县上官湖	—	跨市界河流	农村面源
（四十三）北三河水系二级支流：天河					
156	黑沟门	丰宁县黑沟门村	—	跨省界河流	农村面源
（四十四）北三河水系一级支流：邓厂河					
157	南沟门	河北省承德市滦平县付家店乡	—	河长制	农村面源
三、辽河水系					
（四十五）辽河水系一级支流：老哈河					
158	老哈河源头	平泉市柳溪镇	老哈河平泉市源头水保护区	生态补偿跨界断面	农村面源
159	七家	平泉市七家乡	老哈河平泉市源头水保护区	水功能区断面	农村面源
160	东三家	平泉市东三家村	老哈河平泉市保留区	水功能区断面	农村面源
161	蒙和乌苏	平泉市蒙和乌苏乡	老哈河平泉市开发利用区、老哈河平泉市工业用水区	水功能区断面	农村面源

续表

序号	断面名称	断面地理信息	水功能区	断面属性	断面区域污染源及断面上游入河排污口设置情况
162	甸子	平泉市北五十家子镇	老哈河冀蒙缓冲区	原省控（保留）；国考、生态补偿跨界断面	农村面源
（四十六）辽河水系二级支流：阴河					
163	蒙古营子	围场县张家湾乡张家湾村、阴河出境入内蒙古界	阴河冀蒙缓冲区	原市控（保留）；生态补偿跨界断面	农村面源
164	张家湾	围场县张家湾乡	阴河围场县源头水保护区	水功能区断面	农村面源
（四十七）辽河水系三级支流：西路嘎河					
165	二道河水库	围场县杨家湾乡兴聚德村、围场县杨家湾乡兴巨德村北入内蒙古赤峰市界	—	原市控（保留）；生态补偿跨界断面	围场满族蒙古族自治县长宏马铃薯淀粉有限公司工业废水入河排污口；农村面源
（四十八）辽河水系三级支流：山湾子河					
166	二道河子	围场县二道河子村	—	年径流量占水系河流总径流量 80% 以上的河流	农村面源
（四十九）辽河水系四级支流：喇嘛地河					
167	杨家湾	围场县杨家湾		跨省界河流	农村面源
（五十）辽河水系三级支流：七宝丘河					
168	德合公村	围场县德合公村		跨省界河流	农村面源

续表

序号	断面名称	断面地理信息	水功能区	断面属性	断面区域污染源及断面上游入河排污口设置情况
四、大凌河水系					
（五十一）大凌河水系二级支流：榆树林子河					
169	榆树林子	平泉市榆树林子村	—	年径流量占水系河流总径流量 80% 以上的河流	农村面源
（五十二）大凌河水系一级支流：大凌河西支					
170	山头乡	平泉市山头乡	—	跨省界河流	农村面源
（五十三）大凌河水系二级支流：宋杖子河					
171	木虎沟	平泉市木虎沟村	—	跨省界河流	农村面源
五、湖（库）区					
（五十四）潘家口水库					
172	潘家口水库坝下	潘家口水库坝下出水处（唐山市境内）	潘家口水库饮用水水源保护区	原省控（保留）	农村面源
173	潘家口水库	潘家口水库库区	潘家口水库饮用水水源保护区	水功能区断面	农村面源
（五十五）塞罕坝天然湖泊					
174	将军泡子	塞罕坝天然湖泊景区	—	坝上森林天然湖泊保护区	无
175	月亮湖	塞罕坝天然湖泊景区	—	坝上森林天然湖泊保护区	无
（五十六）承德市避暑山庄湖区					
176	水心榭	承德市避暑山庄湖区景观	—	国家 AAAAA 级景区	无
177	芳园居	承德市避暑山庄湖区景观	—	国家 AAAAA 级景区	无
178	金山亭	承德市避暑山庄湖区景观	—	国家 AAAAA 级景区	无
179	热河	承德市避暑山庄湖区景观	—	国家 AAAAA 级景区	无

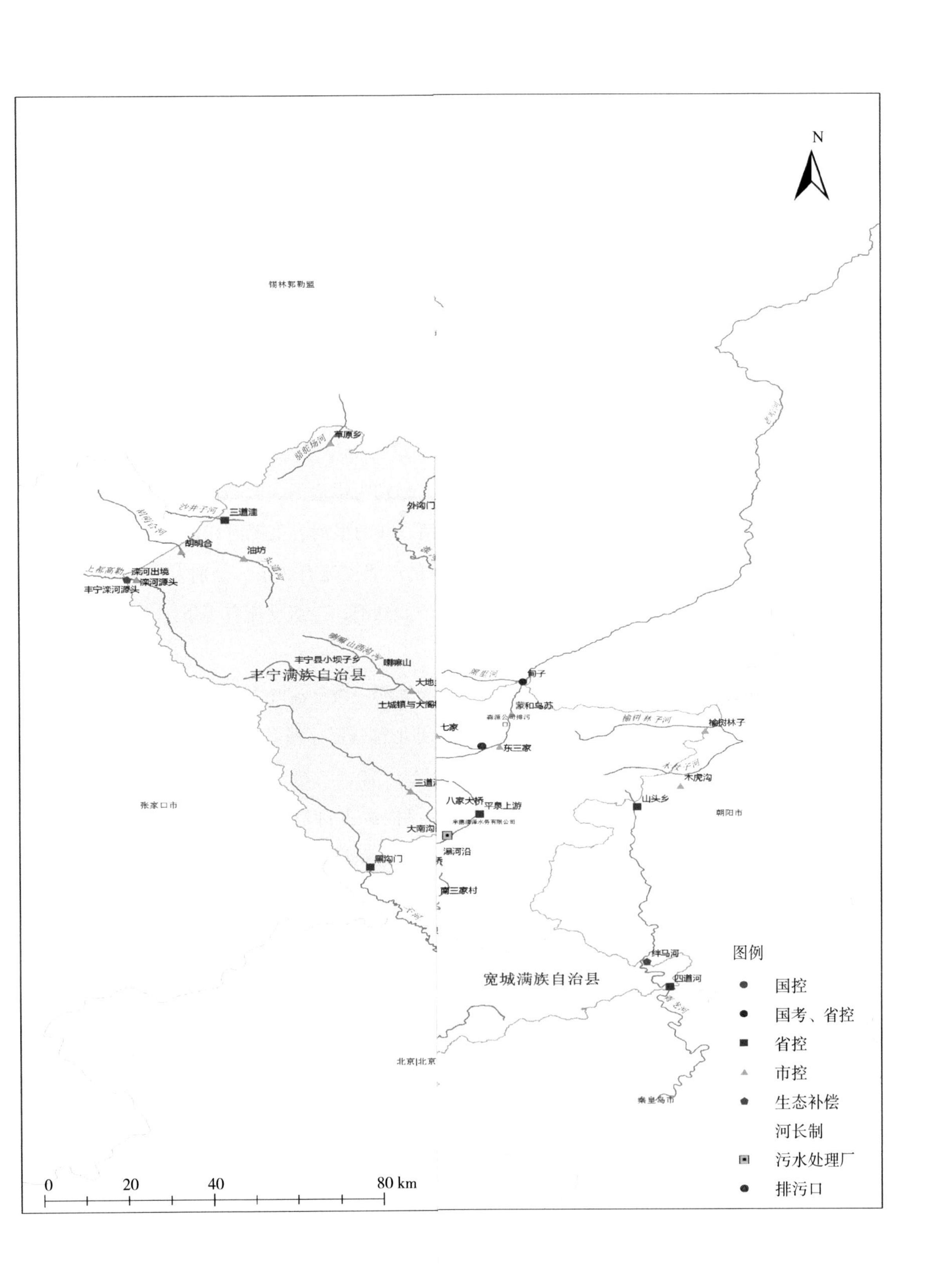

N
锡林郭勒盟
草原乡
三道洼
胡明合
油坊
滦河出境
滦河源头
丰宁滦河源头
外沟门
丰宁县小坝子乡
嘛麻山
丰宁满族自治县
大地
土城镇与大阁
七家
甸子
蒙和乌苏
东三家
榆树林子
木虎沟
山头乡
三道
八家大桥
平泉上游
大南沟
瀑河沿
黑沟门
南三家村
张家口市
朝阳市
宽城满族自治县
神马河
四道河
北京|北京
秦皇岛市
0
20
40
80 km
图例
国控
国考、省控
省控
市控
生态补偿
河长制
污水处理厂
排污口

第 3 章　承德市地表水环境质量监测断面图鉴

3.1　滦河水系

滦河水系属滦河及冀东沿海诸河水系，该水系在承德市辖区内流域面积为 100 km^2 以上的河流有 83 条（含滦河干流、境内支流和跨省、市界支流），其中一级支流有 29 条，二级支流有 41 条，三级支流有 10 条，四级支流有 2 条。

承德市境内滦河水系多年平均径流量为 27.22 亿 m^3，境内滦河水系支流年径流量占水系总径流量 80% 以上的河流有 12 条，分别为伊逊河、武烈河、柳河、瀑河、澈河、老牛河、蚁蚂吐河、兴洲河、小滦河、吐力根河、玉带河和青龙河。

承德市境内滦河水系流域面积≥1 000 km^2 的一级支流有 8 条，分别为小滦河、兴洲河、伊逊河、老牛河、瀑河、柳河、澈河、武烈河；二级支流有 1 条，为蚁蚂吐河（上一级河流为滦河一级支流伊逊河）。

承德市境内滦河水系跨省界河流有 5 条，为滦河一级支流吐力根河（河北省—内蒙古自治区界河）、滦河一级支流青龙河（河北省—辽宁省）、滦河一级支流沙井子河（又名鱼儿山河；河北省—内蒙古自治区）、滦河二级支流骆驼场河（河北省—内蒙古自治区；上一级河流为滦河一级支流内蒙古自治区境内的小河子河）、滦河二级支流撅尾巴河（河北省—内蒙古自治区；上一级河流为滦河一级支流吐力根河）。

承德市境内滦河水系跨市界河流有 3 条，为滦河一级支流胡明合河（承德市—张家口市）、滦河一级支流长河（承德市—唐山市）、滦河二级支流头道河（又名乔家围子河；承德市—张家口市；上一级河流为滦河一级支流沙井子河）。

承德市境内滦河水系跨县（区）界河流有 15 条，分别为滦河、小滦河、兴洲河、伊逊河、蚁蚂吐河、清水河、武烈河、鹦鹉河、兴隆河、白河、东山咀河、野猪河、柳河、瀑河、青龙河。

滦河水系承德市境内主要河流滦河为渤海独流入海河流，古名濡水，因发源地有众多温泉而得名，后讹为濡，元朝又称“御河”“上都河”。濡、滦音相近，唐代以后称其为滦。滦河发源于河北省丰宁县，流经沽源县、多伦县、隆化县、滦平县、承德县、宽城满族自治县、迁西县、迁安县、卢龙县、滦县、昌黎县，在乐亭县南兜网铺注入渤海，全长 877 km。

史文记载，公元 3 世纪末 4 世纪初鲜卑拓跋部分为三部，东部居濡源之西；公元 429 年北魏太武帝破走柔然，收降高车诸部数十万落，徙置于阴山以东至濡源一带。由此可见，在元、魏时期以前，就有关于滦河的记载。

《菩萨蛮·宿滦河》载道：玉绳斜转疑清晓，凄凄月白渔阳道。星影漾寒沙，微茫织浪花。金笳鸣故垒，唤起人难睡。无数紫鸳鸯，共嫌今夜凉。

“十四五”时期，承德市滦河水系设置河流监测断面 123 个，分布于滦河干流及其一级、二级支流，共涉及河流 28 条。

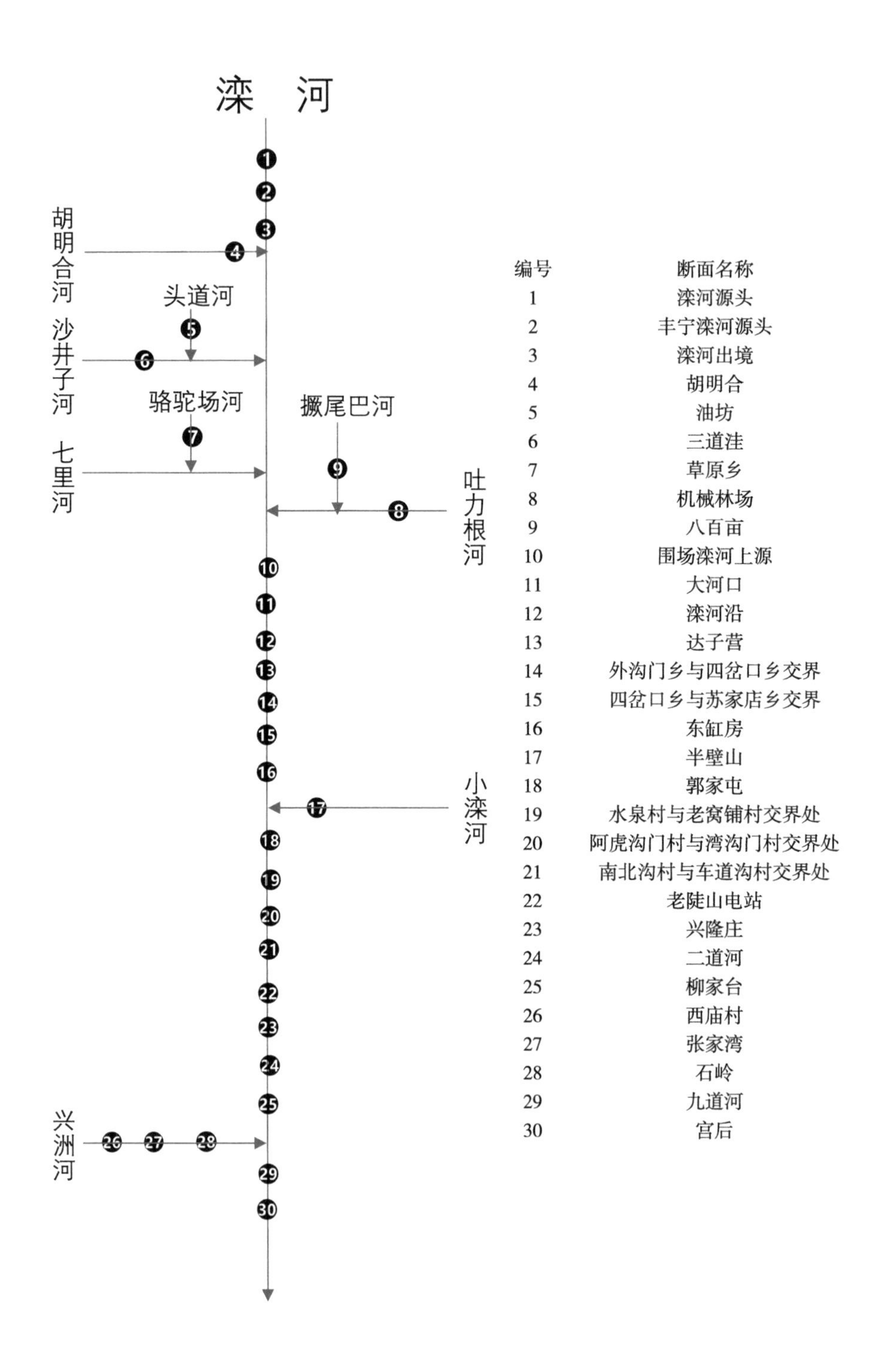

编号	断面名称
1	滦河源头
2	丰宁滦河源头
3	滦河出境
4	胡明合
5	油坊
6	三道洼
7	草原乡
8	机械林场
9	八百亩
10	围场滦河上源
11	大河口
12	滦河沿
13	达子营
14	外沟门乡与四岔口乡交界
15	四岔口乡与苏家店乡交界
16	东缸房
17	半壁山
18	郭家屯
19	水泉村与老窝铺村交界处
20	阿虎沟门村与湾沟门村交界处
21	南北沟村与车道沟村交界处
22	老陡山电站
23	兴隆庄
24	二道河
25	柳家台
26	西庙村
27	张家湾
28	石岭
29	九道河
30	宫后

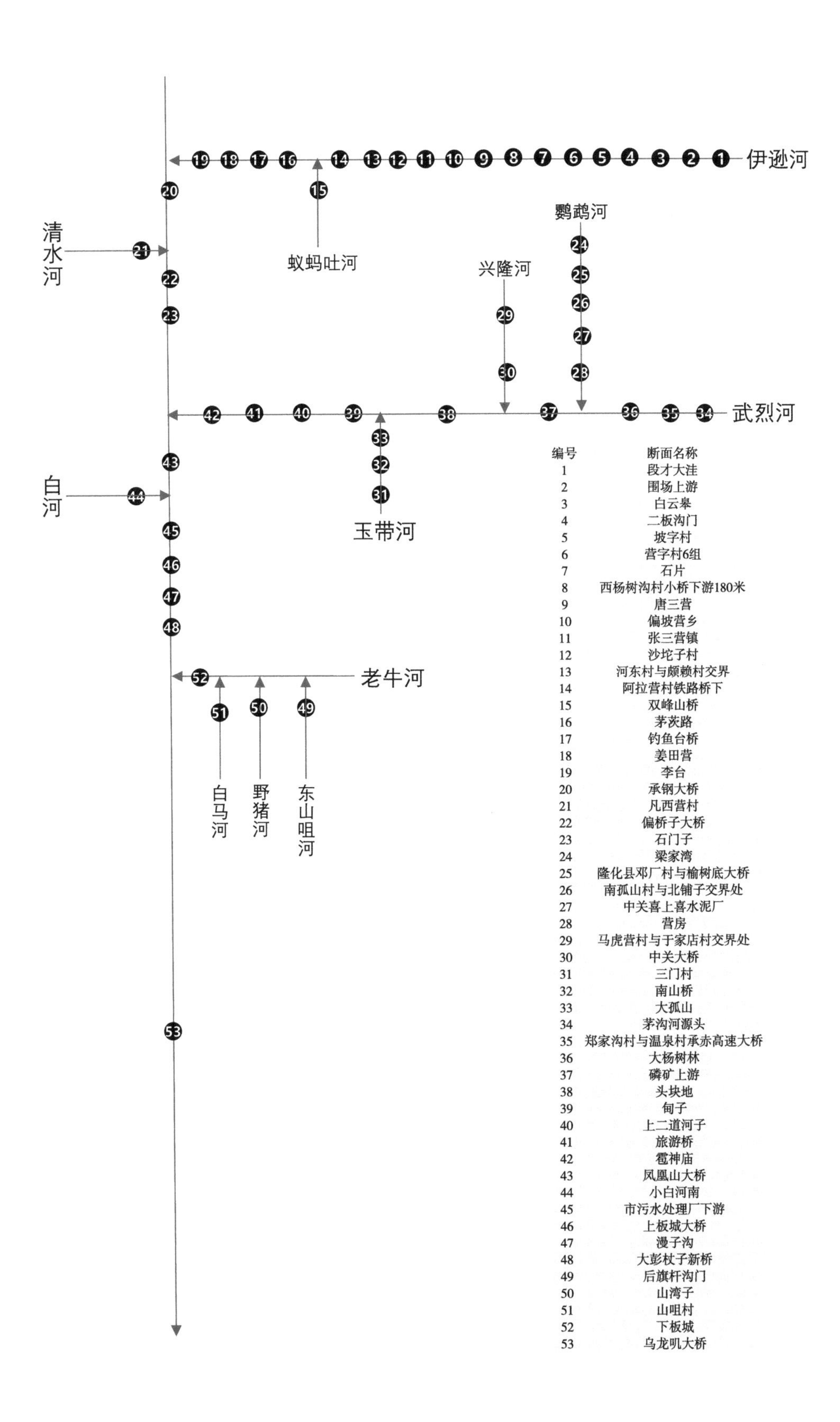

编号	断面名称
1	段才大洼
2	围场上游
3	白云皋
4	二板沟门
5	坡字村
6	营字村6组
7	石片
8	西杨树沟村小桥下游180米
9	唐三营
10	偏坡营乡
11	张三营镇
12	沙坨子村
13	河东村与颇赖村交界
14	阿拉营村铁路桥下
15	双峰山桥
16	茅茨路
17	钓鱼台桥
18	姜田营
19	李台
20	承钢大桥
21	凡西营村
22	偏桥子大桥
23	石门子
24	梁家湾
25	隆化县邓厂村与榆树底大桥
26	南孤山村与北铺子交界处
27	中关喜上喜水泥厂
28	营房
29	马虎营村与于家店村交界处
30	中关大桥
31	三门村
32	南山桥
33	大孤山
34	茅沟河源头
35	郑家沟村与温泉村承赤高速大桥
36	大杨树林
37	磷矿上游
38	头块地
39	甸子
40	上二道河子
41	旅游桥
42	雹神庙
43	凤凰山大桥
44	小白河南
45	市污水处理厂下游
46	上板城大桥
47	漫子沟
48	大彭杖子新桥
49	后旗杆沟门
50	山湾子
51	山咀村
52	下板城
53	乌龙矶大桥

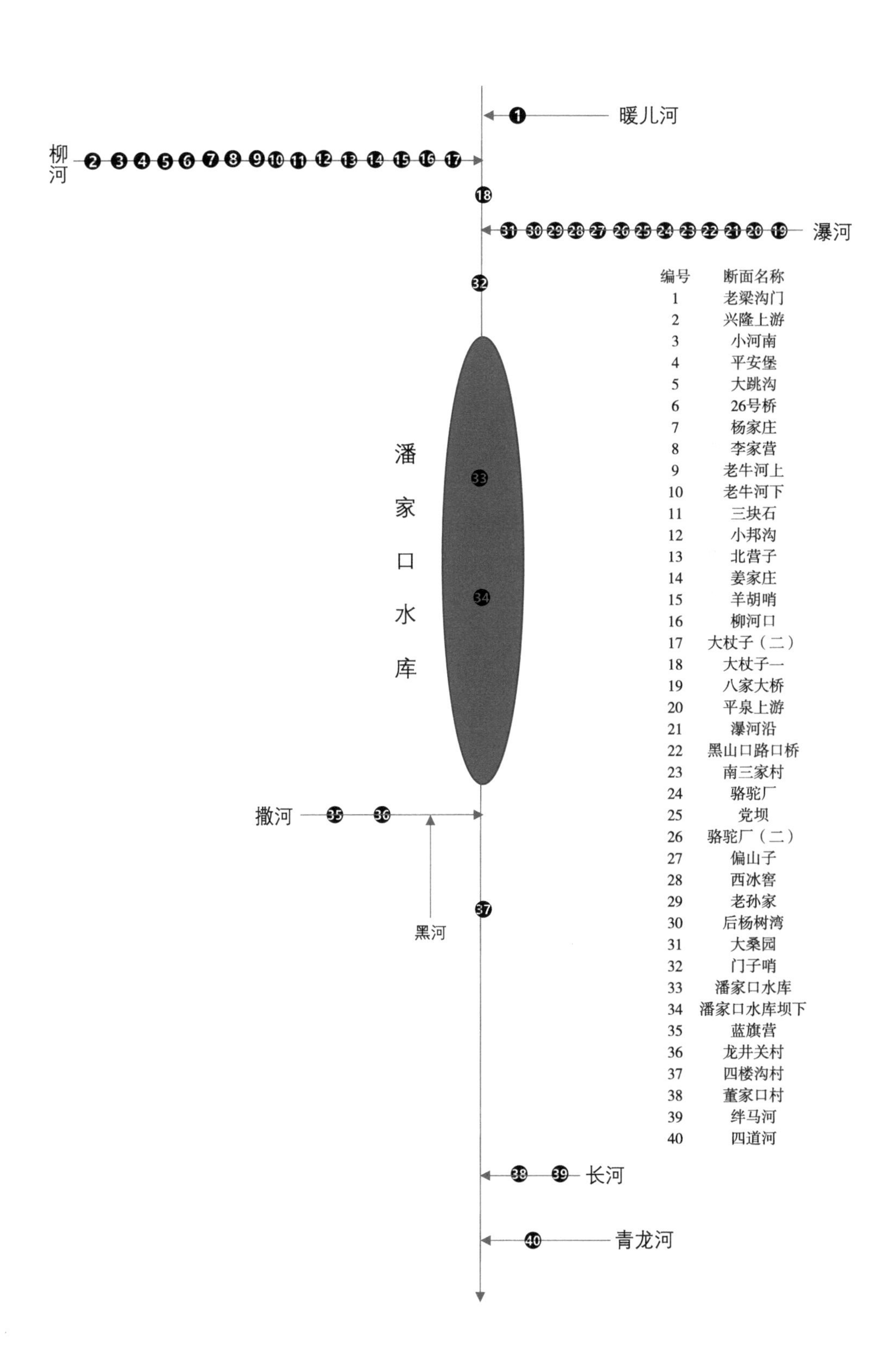

编号	断面名称
1	老梁沟门
2	兴隆上游
3	小河南
4	平安堡
5	大跳沟
6	26号桥
7	杨家庄
8	李家营
9	老牛河上
10	老牛河下
11	三块石
12	小邦沟
13	北营子
14	姜家庄
15	羊胡哨
16	柳河口
17	大杖子（二）
18	大杖子一
19	八家大桥
20	平泉上游
21	瀑河沿
22	黑山口路口桥
23	南三家村
24	骆驼厂
25	党坝
26	骆驼厂（二）
27	偏山子
28	西冰窖
29	老孙家
30	后杨树湾
31	大桑园
32	门子哨
33	潘家口水库
34	潘家口水库坝下
35	蓝旗营
36	龙井关村
37	四楼沟村
38	董家口村
39	绊马河
40	四道河

滦河源头

断面名称：滦河源头

断面编码：3CA00R067000_088N0

断面类型：河流

断面级别：市控 / 生态补偿跨界断面

断面属性：控制断面

所属水系：滦河水系

所在水体：滦河

汇入水体：渤海

所在属地：承德市丰宁县

责任属地：承德市丰宁县

采样方式：岸采

是否季节性河流：否

自动站建设情况：无

断面位置及经纬度：承德市丰宁县大滩镇孤石牧场；北纬 41.3894°，东经 116.1116°

水体描述：水深范围 0.1～0.15 m，河宽范围 1～1.5 m

水质状况：2016—2019 年共监测 4 年，2016—2019 年水质类别为Ⅲ类，水质状况良好

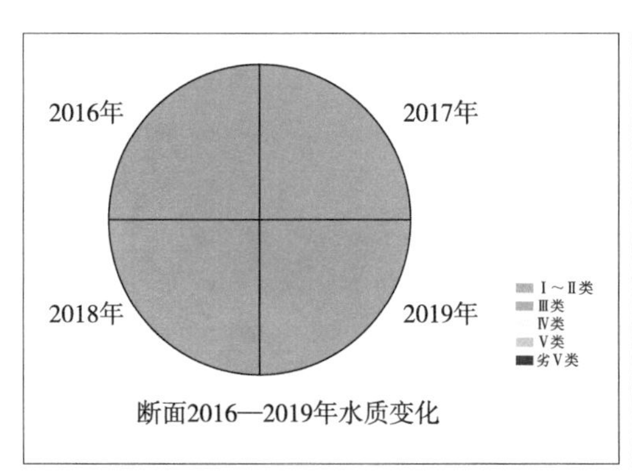

水质状况图

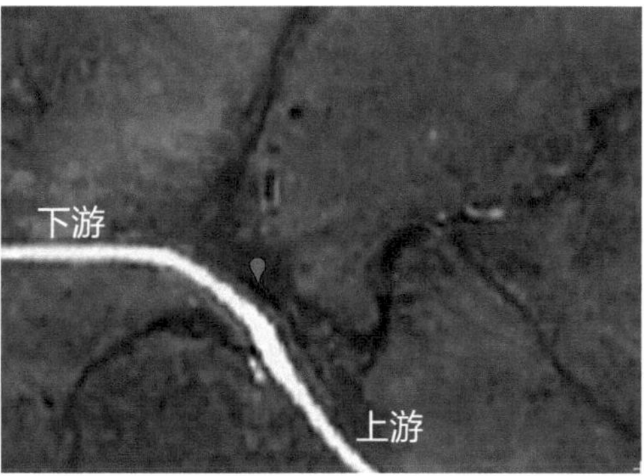

断面情况示意图

断面上游

断面下游

丰宁滦河源头

断面名称：丰宁滦河源头

断面编码：3CA00R067000_175N0

断面类型：河流

断面级别：市控

断面属性：控制断面

所属水系：滦河流域

汇入水体：滦河

所在属地：承德市丰宁县

责任属地：承德市

采样方式：岸采

是否季节性河流：否

自动站建设情况：无

断面位置及经纬度：承德市丰宁县大马圈村南；北纬41.6197°，东经115.9465°

水体描述：水深范围0.1～0.2 m，河宽范围1～2 m；冰封期12月到次年5月

水质状况：2016—2019年共监测4年，2016—2019年水质类别为Ⅲ类，水质状况良好

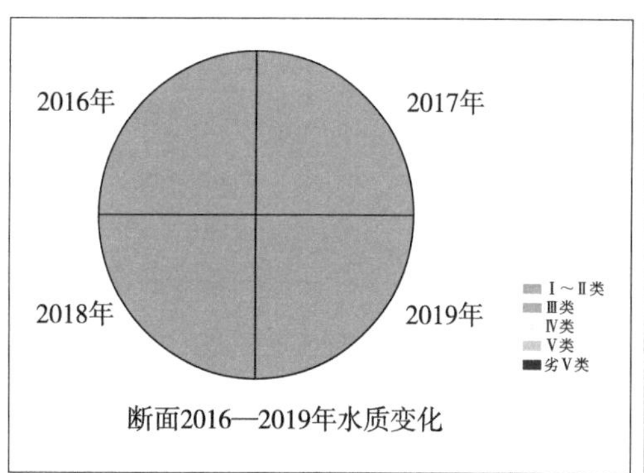

水质状况图

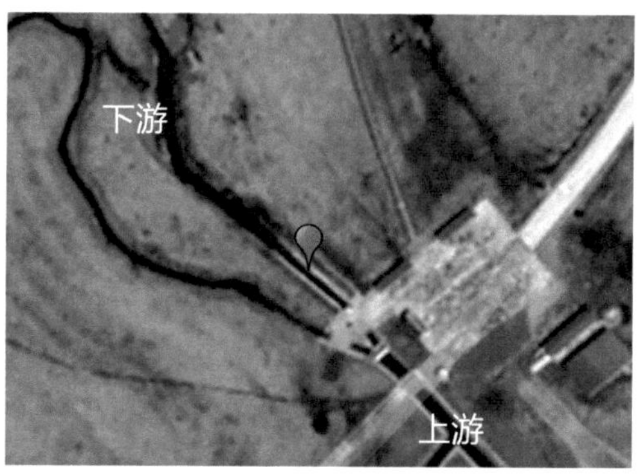

断面情况示意图

断面上游

断面下游

滦河出境

断面名称：滦河出境

断面编码：3CA00R067000_086N0

断面类型：河流

断面级别：生态补偿跨界断面

断面属性：控制断面

所属水系：滦河水系

所在水体：滦河

汇入水体：渤海

所在属地：张家口市沽源县

责任属地：张家口市

采样方式：岸采

是否季节性河流：否

自动站建设情况：无

断面位置及经纬度：张家口市沽源县；北纬 41.6287°，东经 115.9120°

水体描述：水深范围 0.1～0.3 m，河宽范围 1.5～3 m

水质状况：2016—2019 年共监测 4 年，2016—2019 年水质类别为Ⅲ类，水质状况良好

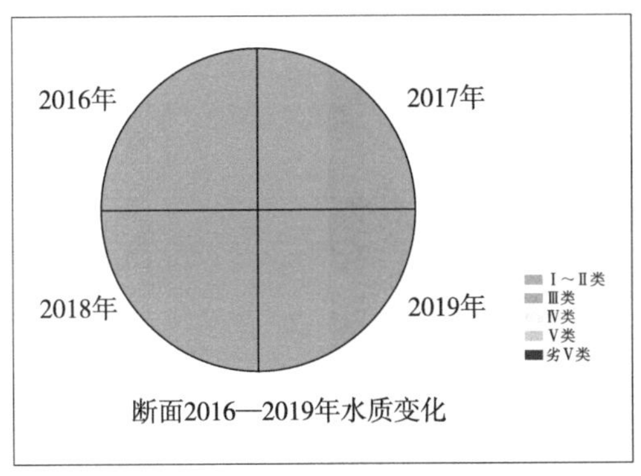

水质状况图

断面情况示意图

断面上游

断面下游

胡明合

断面名称：胡明合

断面编码：3CI07R067000_058N0

断面类型：河流

断面级别：市控

断面属性：市界

所属水系：北三河水系

所在水体：胡明合河

汇入水体：潮河

所在属地：承德市丰宁县

责任属地：承德市丰宁县

采样方式：桥采

是否季节性河流：否

自动站建设情况：无

断面位置及经纬度：承德市丰宁县胡明合村；北纬 41.6985°，东经 116.0264°

水体描述：断流

水质状况：2019 年新增断面，2019 年该断面断流

断面情况示意图

断面上游

断面下游

油坊

断面名称：油坊

断面编码：3CI00R067000_155N0

断面类型：河流

断面级别：市控

断面属性：控制断面

所属水系：北三河水系

所在水体：头道河

汇入水体：密云水库

所在属地：承德市丰宁县

责任属地：承德市丰宁县

采样方式：无

是否季节性河流：否

自动站建设情况：无

断面位置及经纬度：承德市丰宁县头道河村；北纬 41.6809° ，东经 116.1587°

水体描述：断流

断面情况示意图

断面上游

断面下游

三道洼

断面名称：三道洼

断面编码：3CI04R067000_116N0

断面类型：河流

断面级别：市控

断面属性：控制断面

所属水系：北三河水系

所在水体：沙井子河

汇入水体：密云水库

所在属地：承德市丰宁县

责任属地：承德市丰宁县

采样方式：桥采

是否季节性河流：否

自动站建设情况：无

断面位置及经纬度：承德市丰宁县三道洼村；北纬 41.7756° ，东经 116.1199°

水体描述：断流

水质状况：2016—2019 年共监测 4 年，2016—2019 年水质类别为Ⅲ类，水质状况良好

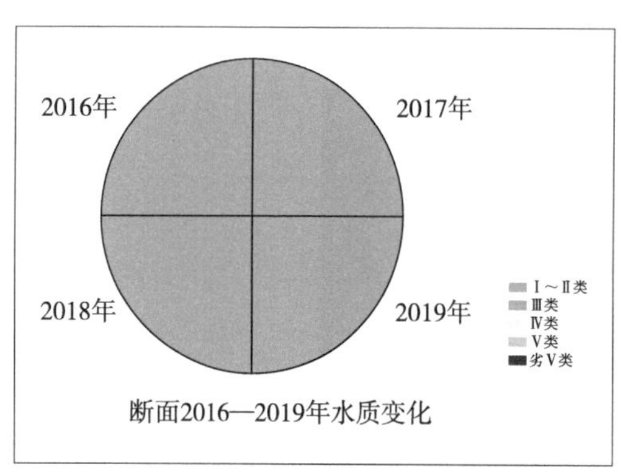

水质状况图

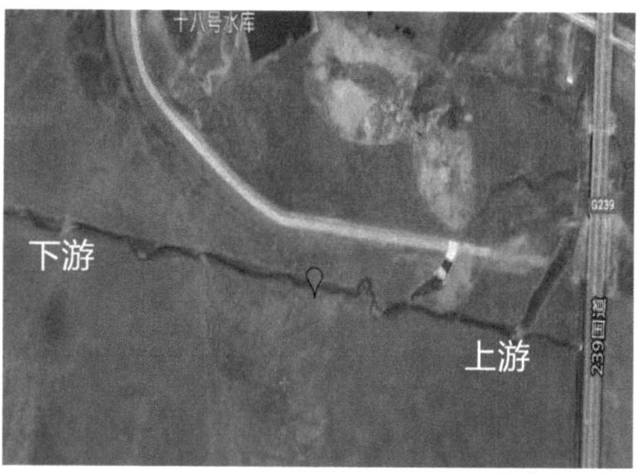

断面情况示意图

断面上游

断面下游

草原乡

断面名称：草原乡

断面编码：3CA04R067000_038N0

断面类型：河流

断面级别：省界

断面属性：市控

所在水体：骆驼场河

所属水系：北三河水系

汇入水体：潮河

所在属地：承德市丰宁县

责任属地：承德市

采样方式：—

是否季节性河流：否

自动站建设情况：无

断面位置及经纬度：承德市丰宁县草原乡草原村；北纬 41.9507°，东经 116.3594°

水体描述：断流

水质状况：2019 年新增断面，目前断流

断面情况示意图

断面上游

断面下游

机械林场

断面名称：机械林场

断面编码：3CA04R067000_062N0

断面类型：河流

断面级别：市控

断面属性：省界

所属水系：滦河水系

所在水体：吐里根河

汇入水体：滦河

所在属地：承德市围场满族蒙古族自治县机械林场

责任属地：承德市围场满族蒙古族自治县

采样方式：桥采

是否季节性河流：否

自动站建设情况：无

断面位置及经纬度：承德市围场满族蒙古族自治县机械林场；北纬 40.2495°，东经 117.4553°

水体描述：水深范围 0.3～0.5 m，河宽范围 1.5～2 m

水质状况：2016—2019 年共监测 4 年，2016—2019 年水质类别为Ⅲ类，水质状况良好

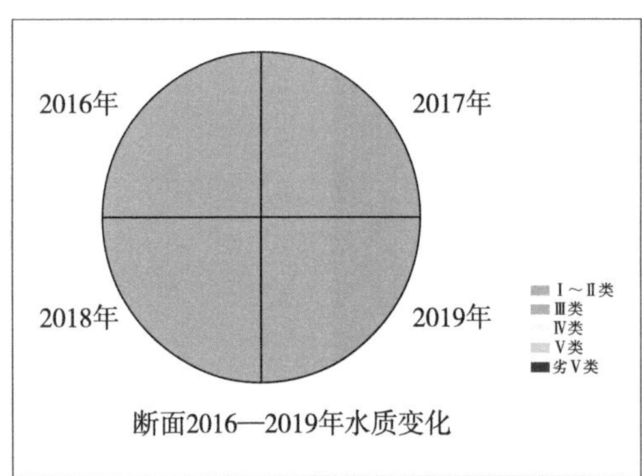

水质状况图

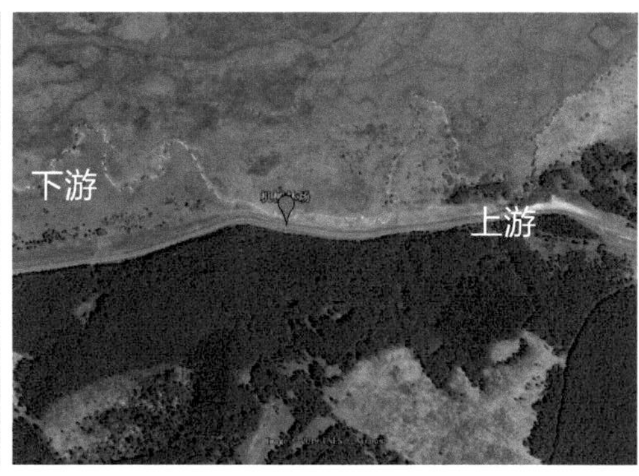

断面情况示意图

断面上游

断面下游

八百亩

断面名称：八百亩

断面编码：3CA00R067000_030N0

断面类型：河流

断面级别：市控

断面属性：控制断面

所属水系：滦河水系

所在水体：撅尾巴河

汇入水体：滦河

所在属地：承德市围场满族蒙古族自治县机械林场

责任属地：承德市围场满族蒙古族自治县

采样方式：岸采

是否季节性河流：否

自动站建设情况：无

断面位置及经纬度：承德市围场满族蒙古族自治县八百亩村；北纬 42.3804°，东经 116.9998°

水体描述：水深范围 0.5～0.6 m，河宽范围 4～6 m

水质状况：2019 年新增断面，水质类别为Ⅲ类，水质良好

断面情况示意图

断面上游

断面下游

围场滦河上源

断面名称：围场滦河上源

断面编码：3CA00R067000_140N0

断面类型：河流

断面级别：市控

断面属性：控制断面

所属水系：滦河水系

所在水体：滦河

汇入水体：渤海

所在属地：承德市围场满族蒙古族自治县机械林场

责任属地：承德市围场满族蒙古族自治县

采样方式：岸采

是否季节性河流：否

自动站建设情况：无

断面位置及经纬度：承德市围场满族蒙古族自治县机械林场；北纬 42.1980°，东经 117.0013°

水体描述：水深范围 0.3～0.5 m，河宽范围 3～5 m

水质状况：2016—2019 年共监测 4 年，2016—2019 年水质类别为Ⅲ类，水质状况良好

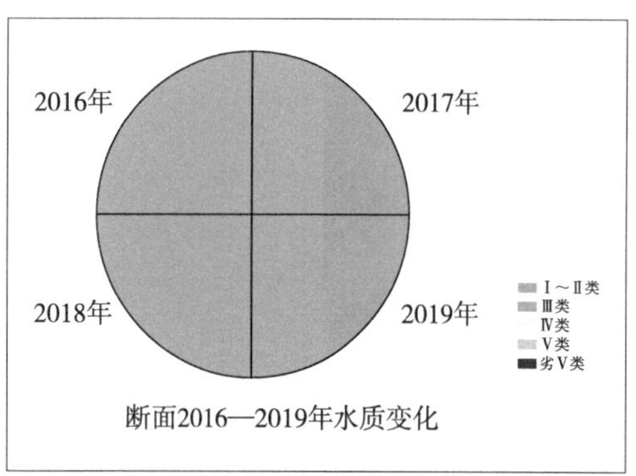

水质状况图

断面情况示意图

断面上游

断面下游

大河口

断面名称：大河口

断面编码：3CA05R067000_044Y0

断面类型：河流

断面级别：市控 / 趋势研究

断面属性：控制断面

所属水系：滦河

所在水体：滦河

汇入水体：渤海

所在属地：承德市丰宁县

责任属地：承德市

采样方式：桥采

是否季节性河流：否

自动站建设情况：无

断面位置及经纬度：内蒙古自治区锡林郭勒盟多伦县大河口乡；北纬 41.9892°，东经 116.6710°

水体描述：水深范围 0.1～0.8 m，河宽范围 10～15 m；冰封期 12 月—次年 5 月

水质状况：2016—2019 年共监测 4 年，2016—2019 年水质类别为Ⅲ类，水质状况良好

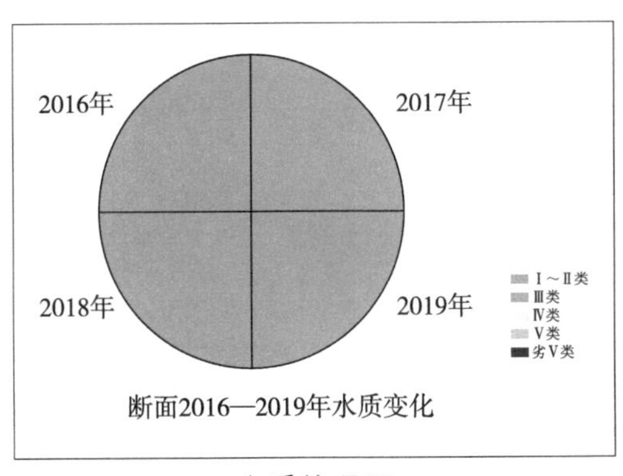

水质状况图

断面情况示意图

断面上游

断面下游

滦河沿

断面名称：滦河沿

断面编码：3CA00R067000_087N0

断面类型：河流

断面级别：市控；趋势研究

断面属性：控制断面

所属水系：滦河水系

所在水体：滦河

汇入水体：渤海

所在属地：承德市丰宁县

责任属地：承德市丰宁县

采样方式：桥采

是否季节性河流：否

自动站建设情况：无

断面位置及经纬度：承德市丰宁县外沟门乡河沿村；北纬 41.9331°，东经 116.6548°

水体描述：水深范围 0.1～0.8 m，河宽范围 10～15 m

水质状况：2016—2019 年共监测 4 年，2016—2019 年水质类别为Ⅲ类，水质状况良好

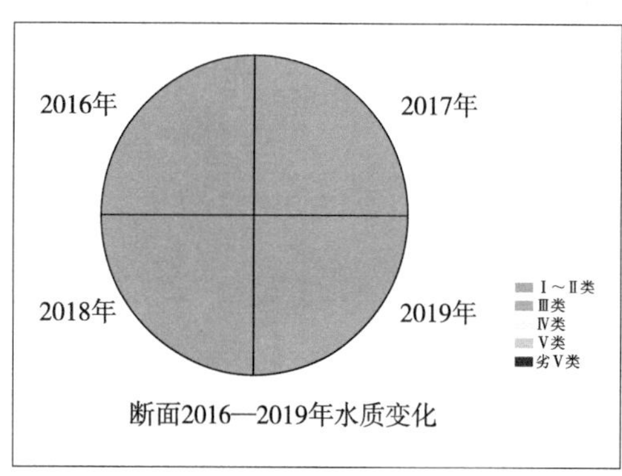

水质状况图

断面情况示意图

断面上游

断面下游

达子营

断面名称：达子营

断面编码：3CA00R067000_039N0

断面类型：河流

断面级别：市控 / 生态补偿跨界断面 / 河长制

断面属性：省界

所属水系：滦河流域

汇入水体：渤海

所在属地：承德市丰宁县

责任属地：承德市

采样方式：岸采

是否季节性河流：否

自动站建设情况：无

断面位置及经纬度：丰宁县外沟门乡青石砬村；北纬 41.9058°，东经 116.6322°

水体描述：水深范围 0.1～0.8 m，河宽范围 10～15 m；冰封期 12 月—次年 5 月

水质状况：2016—2019 年共监测 4 年，2016 年—2019 年为Ⅲ类，水质状况良好

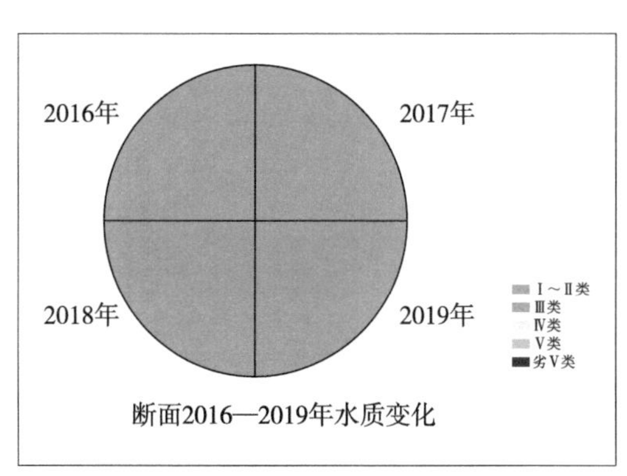

水质状况图

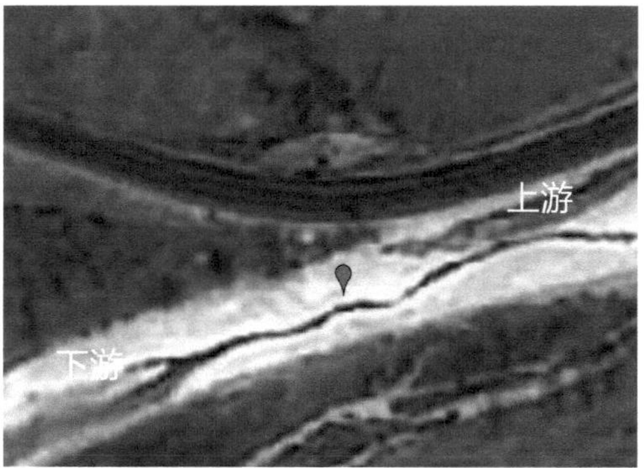

断面情况示意图

断面上游

断面下游

外沟门乡与四岔口乡交界

断面名称：外沟门乡与四岔口乡交界

断面编码：3CA00R067000_139N0

断面类型：河流

断面级别：市控

断面属性：控制断面

所属水系：滦河水系

所在水体：滦河

汇入水体：渤海

所在属地：承德市丰宁县

责任属地：承德市丰宁县

采样方式：桥采

是否季节性河流：否

自动站建设情况：无

断面位置及经纬度：河北省承德市丰宁县外沟门乡四岔口乡；北纬 41.7881°，东经 116.4964°

水体描述：水深范围 0.1～0.8 m，河宽范围 10～15 m

水质状况：2016—2019 年共监测 4 年，2016—2019 年水质类别为Ⅲ类，水质状况良好

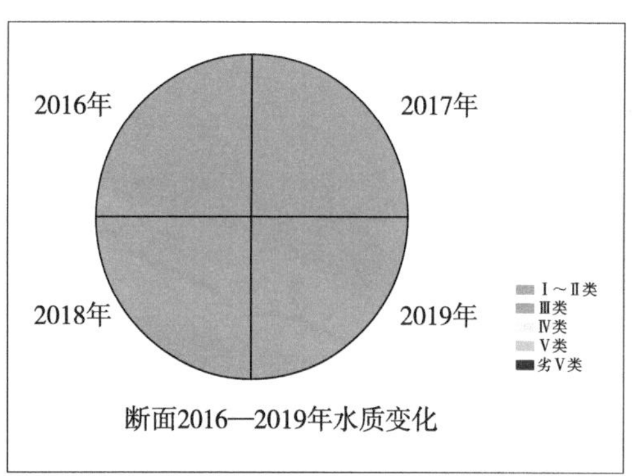

水质状况图

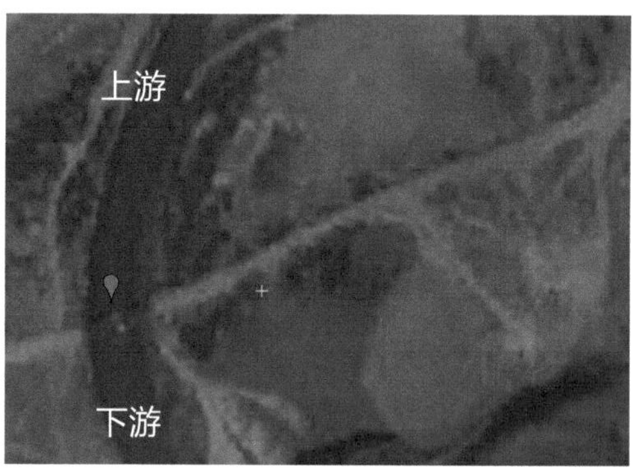

断面情况示意图

断面上游

断面下游

四岔口乡与苏家店乡交界

断面名称：四岔口乡与苏家店乡交界
断面编码：3CA00R067000_132N0
断面类型：河流
断面级别：河长制
断面属性：控制断面
所属水系：滦河流域
所在水体：滦河
汇入水体：渤海
所在属地：承德市丰宁县
责任属地：承德市丰宁县
采样方式：桥采
是否季节性河流：否
自动站建设情况：无
断面位置及经纬度：承德市丰宁县四岔口乡苏家店乡；北纬北纬 41.6422°，东经 116.5634°
水体描述：水深范围 0.1～0.8 m，河宽范围 10～15 m
水质状况：2016—2019 年共监测 4 年，2016—2019 年水质类别为Ⅲ类，水质状况良好

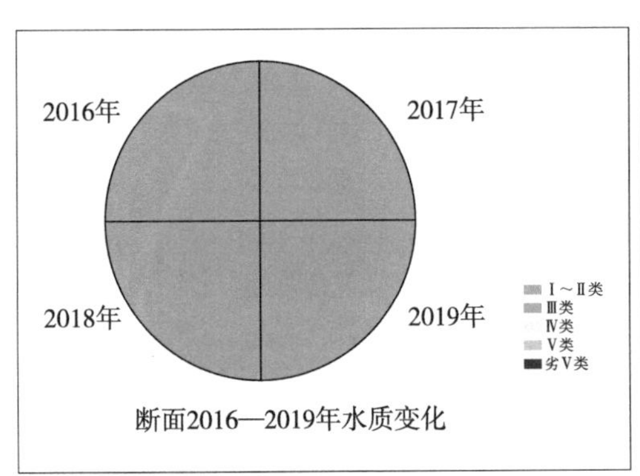

水质状况图

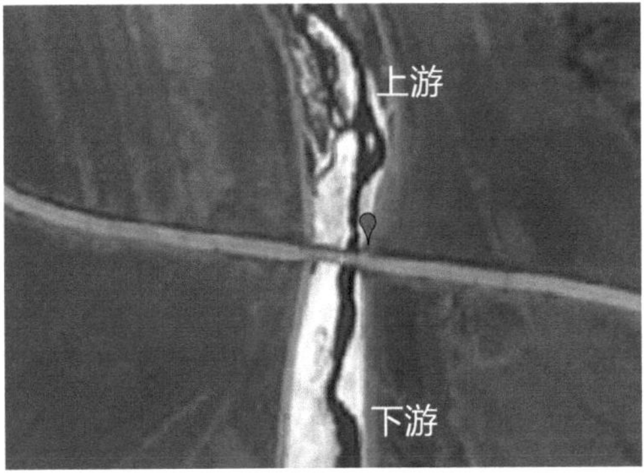

断面情况示意图

断面上游

断面下游

东缸房

断面名称：东缸房

断面编码：3CA10R067000_165N0

断面类型：河流

断面级别：生态补偿跨界断面、河长制

断面属性：县界

所属水系：滦河

汇入水体：滦河

所在属地：承德市隆化县

责任属地：承德市

采样方式：涉水

是否季节性河流：否

自动站建设情况：无

断面位置及经纬度：承德市丰宁县苏家甸乡东缸房村；北纬 41.6280°，东经 116.8800°

水体描述：水深范围 0.5～1.2 m，河宽范围 8～20 m；冰封期 12 月—次年 3 月；无断流情况

水质状况：2016—2019 年共监测 4 年，2016—2019 年水质类别为Ⅲ类，水质状况良好

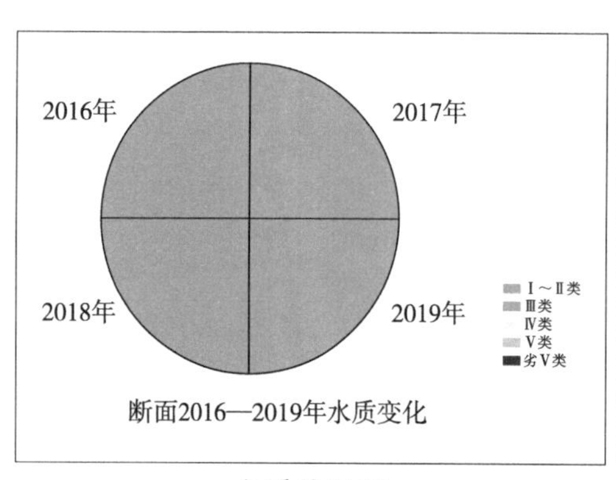

水质状况图

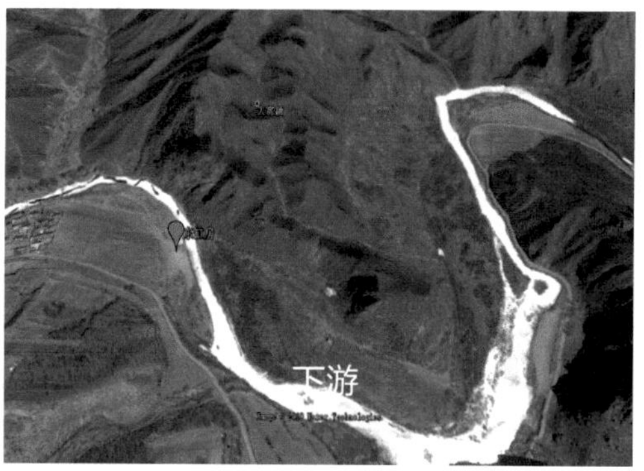

断面情况示意图

断面上游

断面下游

半壁山

断面名称：半壁山

断面编码：3CA00R067000_034N0

断面类型：河流

断面级别：市控

断面属性：控制断面

所属水系：滦河水系

所在水体：小滦河

汇入水体：滦河

所在属地：承德市围场满族蒙古族自治县机械林场

责任属地：承德市

采样方式：岸采

是否季节性河流：是

自动站建设情况：无

断面位置及经纬度：承德市围场满族蒙古族自治县山湾子乡半壁山村；北纬 41.7656°，东经 116.9677°

水体描述：水深范围 0.2～0.4 m，河宽范围 6～10 m

水质状况：2016—2019 年共监测 4 年，2016—2019 年水质类别为Ⅲ类，水质状况良好

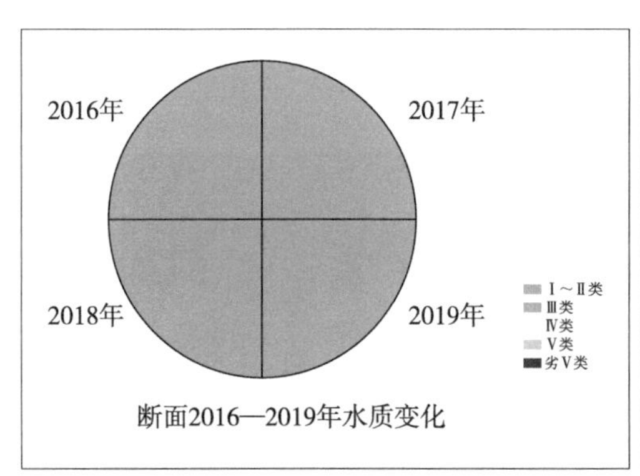

水质状况图

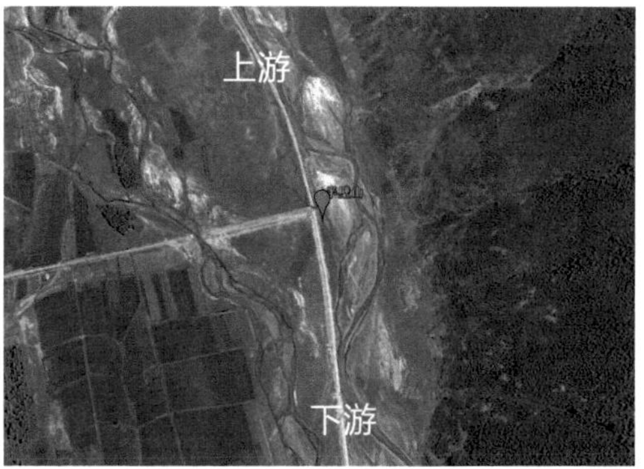

断面情况示意图

断面上游

断面下游

郭家屯

断面名称：郭家屯

断面编码：CA00S130800_2007A

断面类型：河流

断面级别：国控 / 省控 / 市控

断面属性：控制断面

所属水系：滦河水系

所在水体：滦河

汇入水体：渤海

所在属地：承德市隆化县

责任属地：承德市

采样方式：桥采

是否季节性河流：否

自动站建设情况：1986 年建站

断面位置及经纬度：承德市隆化县郭家屯镇；北纬：41.5756°，东经：117.0966°

水体描述：水深范围 0.5～1.2 m，河宽范围 8.0～20 m；冰封期 12 月—次年 3 月

水质状况：自 1986 年监测以来，2001—2008 年水质类别为Ⅳ类，主要污染指标为石油类、氨氮、高锰酸盐指数。2012 年、2017 年质类别为Ⅳ类，主要污染物为总磷。其余年份水质稳定，呈良好水平

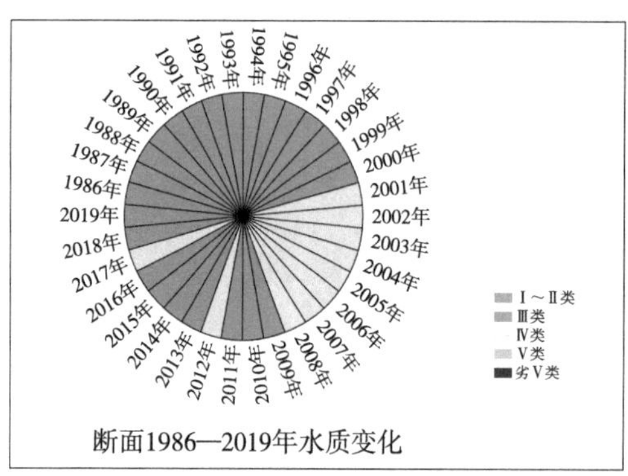

水质状况图

断面情况示意图

自动监测站

断面上游

断面下游

水泉村与老窝铺村交界处

断面名称：水泉村与老窝铺村交界处

断面编码：3CA00R067000_130N0

断面类型：河流

断面级别：河长制

断面属性：控制断面

所属水系：滦河水系

所在水体：滦河

汇入水体：渤海

所在属地：承德市隆化县

责任属地：承德市隆化县

采样方式：岸采

是否季节性河流：否

自动站建设情况：无

断面位置及经纬度：承德市隆化县郭家屯镇（水泉村）隆化县韩家店乡；北纬 41.5575°，东经 117.1692°

水体描述：水深范围 0.3～1 m，河宽范围 15～30 m

水质状况：2016—2019 年共监测 4 年，2016—2019 年水质类别为Ⅲ类，水质状况良好

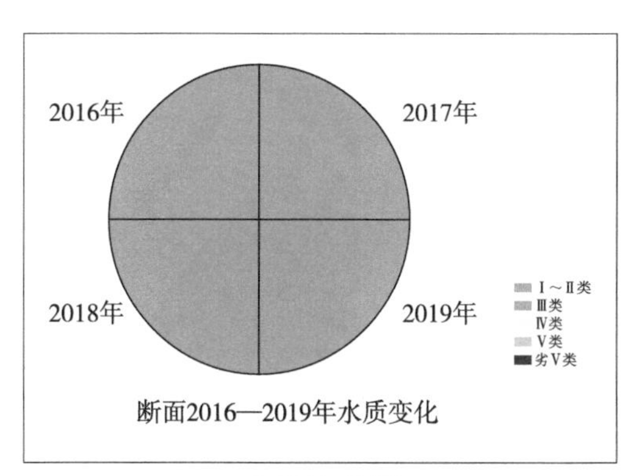

水质状况图

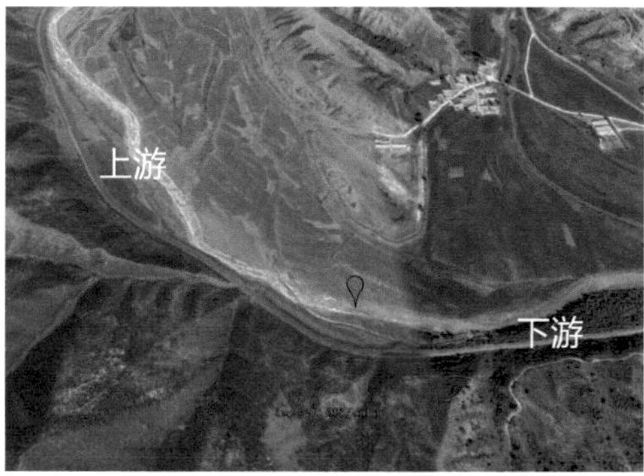

断面情况示意图

断面上游

断面下游

阿虎沟门村与湾沟门村交界处

断面名称：阿虎沟门村与湾沟门村交界处

断面编码：3CA00R067000_028N0

断面类型：河流

断面级别：河长制

断面属性：控制断面

所属水系：滦河水系

所在水体：滦河

汇入水体：渤海

所在属地：承德市隆化县

责任属地：承德市

采样方式：岸采

是否季节性河流：否

自动站建设情况：无

断面位置及经纬度：承德市隆化县韩家店乡阿虎沟门村湾沟门村；北纬 41.4586°，东经 117.2528°

水体描述：水深范围 0.3～1 m，河宽范围 15～30 m；冰封期 12 月—次年 3 月；无断流情况

水质状况：2016—2019 年共监测 4 年，2016 年水质类别为Ⅳ类，主要污染指标为总磷，2017—2019 年水质类别为Ⅲ类，水质状况良好

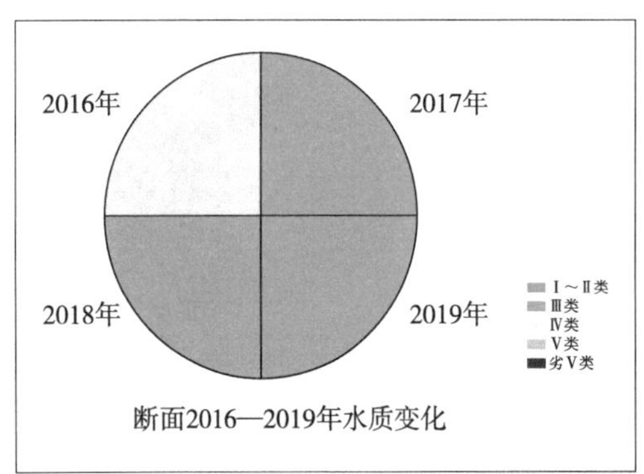

水质状况图

断面情况示意图

断面上游

断面下游

南北沟村与车道沟村交界处

断面名称：南北沟村与车道沟村交界处

断面编码：3CA00R067000_100N0

断面类型：河流

断面级别：河长制

断面属性：控制断面

所属水系：滦河水系

所在水体：滦河

汇入水体：滦河渤海

所在属地：承德市隆化县

责任属地：承德市隆化县

采样方式：岸采

是否季节性河流：否

自动站建设情况：无

断面位置及经纬度：河北省承德市隆化县湾沟门乡南北沟村旧屯乡；北纬 41.3917° ，东经 117.2689°

水体描述：水深范围 0.3 ～ 1 m，河宽范围 15 ～ 25 m

水质状况：2016—2019 年共监测 4 年，2016—2019 年水质类别为Ⅲ类，水质状况良好

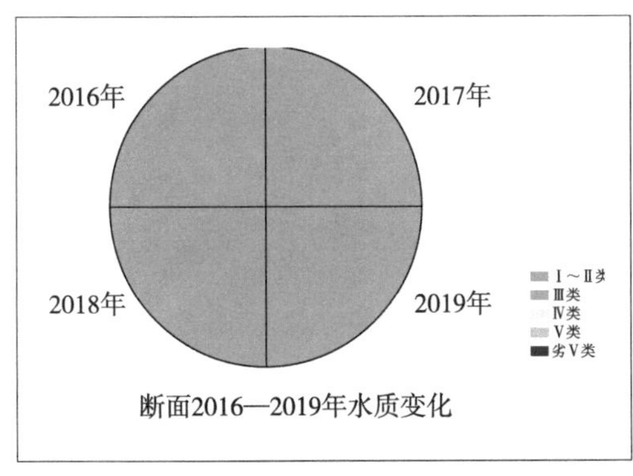

水质状况图

断面情况示意图

断面上游

断面下游

老陡山电站

断面名称：老陡山电站

断面编码：3CA00R067000_073N0

断面类型：河流

断面级别：河长制

断面属性：控制断面

所属水系：滦河水系

所在水体：滦河

汇入水体：渤海

所在属地：承德市隆化县

责任属地：承德市隆化县

采样方式：岸采

是否季节性河流：否

自动站建设情况：无

断面位置及经纬度：承德市隆化县太平庄乡太平乡；北纬 41.3183°，东经 117.3583°

水体描述：水深范围 0.3～1 m，河宽范围 15～25 m

水质状况：2016—2019 年共监测 4 年，2016—2019 年水质类别为Ⅲ类，水质状况良好

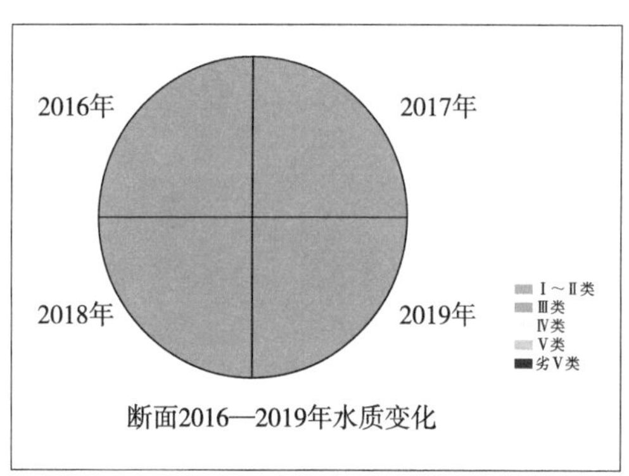

水质状况图

断面情况示意图

断面上游

断面下游

兴隆庄

断面名称：兴隆庄

断面编码：3CA00R067000_149N0

断面类型：河流

断面级别：市控

断面属性：控制断面

所属水系：滦河水系

所在水体：滦河

汇入水体：渤海

所在属地：承德市滦平县

责任属地：承德市滦平县

采样方式：桥采

是否季节性河流：否

自动站建设情况：无

断面位置及经纬度：承德市滦平县隆化县界；北纬 41.2104°，东经 117.4150°

水体描述：水深范围 0.2～0.8 m，河宽范围 5～20 m

水质状况：2016—2019 年共监测 4 年，2016—2019 年水质类别为Ⅲ类，水质状况良好

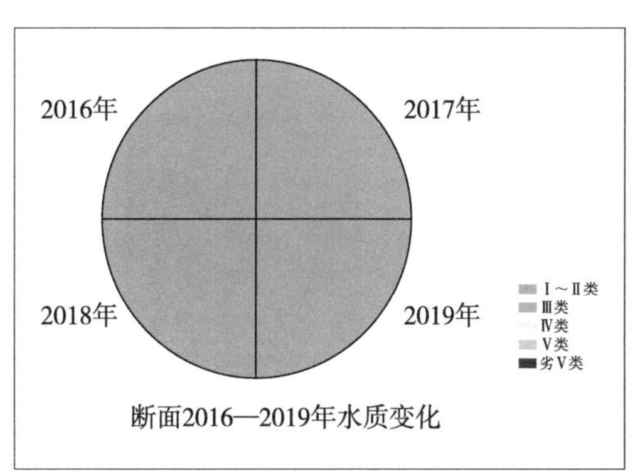

水质状况图

断面情况示意图

断面上游

断面下游

二道河

断面名称：二道河

断面编码：3CA00R067000_141N0

断面类型：河流

断面级别：河长制

断面属性：控制断面

所属水系：滦河水系

所在水体：武烈河

汇入水体：滦河

所在属地：承德市滦平县西沟乡

责任属地：承德市滦平县

采样方式：岸采

是否季节性河流：否

自动站建设情况：无

断面位置及经纬度：承德市滦平县西沟乡金沟屯镇；北纬 41.1292°，东经 117.4995°

水体描述：水深范围 0.2～0.8 m，河宽范围 5～20 m

水质状况：2016—2019 年共监测 4 年，2016—2019 年水质类别为Ⅲ类，水质状况良好

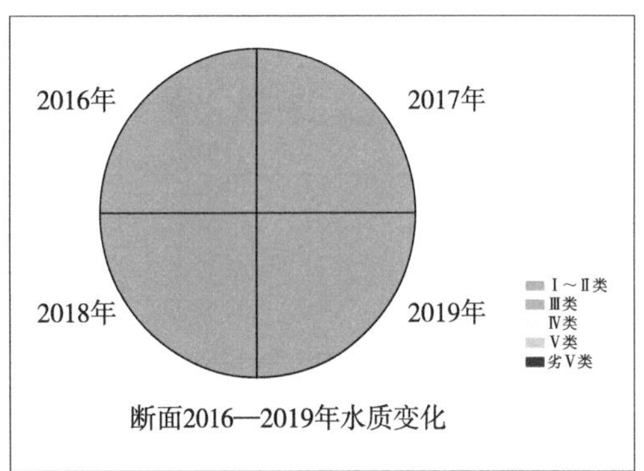

水质状况图

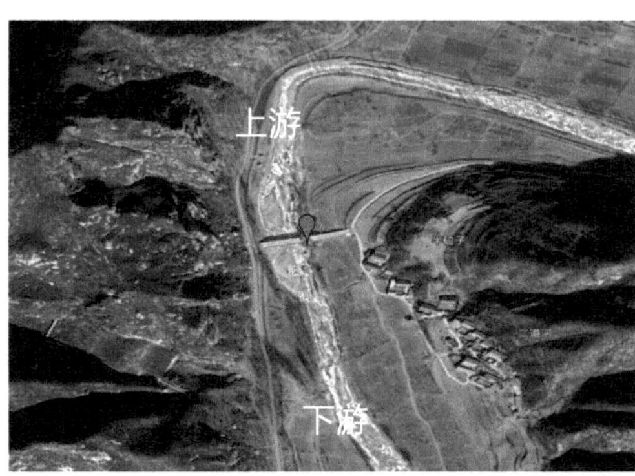

断面情况示意图

断面上游

断面下游

柳家台

断面名称：柳家台

断面编码：3CA00R067000_083N0

断面类型：河流

断面级别：河长制

断面属性：控制断面

所属水系：滦河流域

所在水体：滦河

汇入水体：渤海

所在属地：承德市滦平县金沟屯镇

责任属地：承德市滦平县

采样方式：桥采

是否季节性河流：否

自动站建设情况：无

断面位置及经纬度：承德市滦平县金沟屯镇柳家台村西沟乡；北纬 41.0194°，东经 117.5152°

水体描述：水深范围 0.2～0.8 m，河宽范围 5～20 m

水质状况：2016—2019 年共监测 4 年，2016—2019 年水质类别为Ⅲ类，水质状况良好

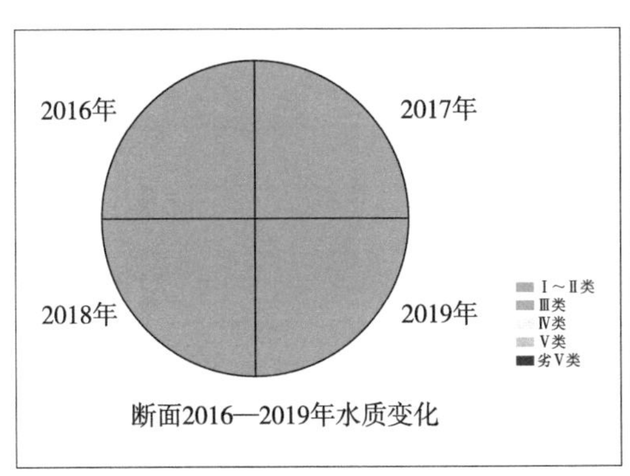

水质状况图

断面情况示意图

断面上游

断面下游

西庙村

断面名称：西庙村

断面编码：3CA00R067000_143N0

断面类型：河流

断面级别：生态补偿跨界断面

断面属性：控制断面

所属水系：滦河水系

所在水体：兴洲河

汇入水体：滦河

所在属地：承德市滦平县大屯镇

责任属地：承德市滦平县大屯镇

采样方式：桥采

是否季节性河流：否

自动站建设情况：无

断面位置及经纬度：承德市滦平县大屯镇路南营村西庙自然村隆化县；北纬 41.0464° ，东经 117.3259°

水体描述：水深范围 0.2 ～ 0.7 m，河宽范围 2 ～ 10 m

水质状况：2016—2019 年共监测 4 年，2016—2019 年水质类别为Ⅲ类，水质状况良好

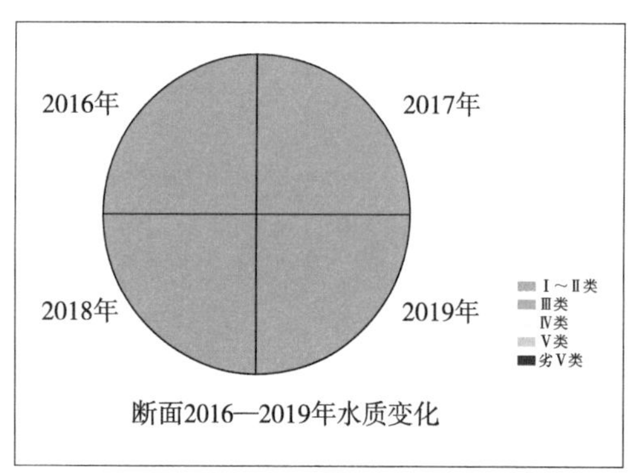

水质状况图

断面情况示意图

断面上游

断面下游

张家湾

断面名称：张家湾

断面编码：3CA00R067000_158N0

断面类型：河流

断面级别：市控

断面属性：控制断面

所属水系：辽河水系

所在水体：阴河

汇入水体：辽河

所在属地：承德市围场满族蒙古族自治县张家湾乡

责任属地：承德市围场满族蒙古族自治县

采样方式：桥采

是否季节性河流：否

自动站建设情况：无

断面位置及经纬度：承德市围场满族蒙古族自治县张家湾乡张家湾村；北纬 42.3388，东经 117.9697°

水体描述：水深范围 0.3～0.5 m，河宽范围 6～8 m

水质状况：2019 年新增断面，水质类别为Ⅲ类，水质状况良好

断面情况示意图

断面上游

断面下游

石岭

断面名称：石岭

断面编码：3CA00R067000_124N0

断面类型：河流

断面级别：生态补偿跨界断面

断面属性：控制断面

所属水系：滦河流域

所在水体：兴洲河

汇入水体：滦河

所在属地：承德市滦平县大屯镇

责任属地：承德市滦平县大屯镇

采样方式：桥采

是否季节性河流：否

自动站建设情况：无

断面位置及经纬度：承德市滦平县大屯镇丰宁县界；北纬 40.9950°，东经 117.4922°

水体描述：水深范围 0.2～0.7 m，河宽范围 2～10 m

水质状况：2016—2019 年共监测 4 年，2016—2019 年水质类别为Ⅲ类，水质状况良好

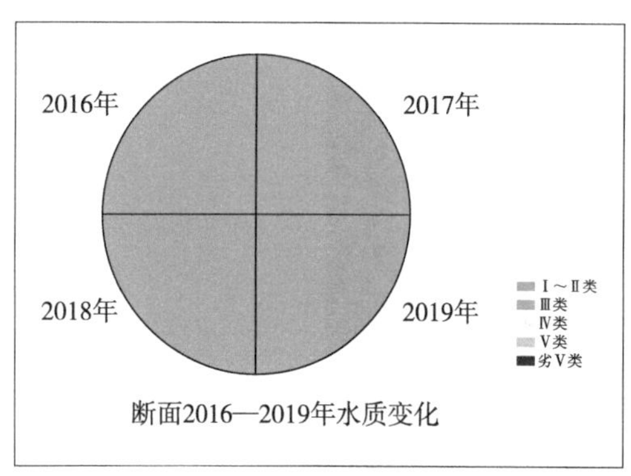

水质状况图

断面情况示意图

断面上游

断面下游

九道河

断面名称：九道河

断面编码：3CA10R067000_068N0

断面类型：河流

断面级别：市控 / 生态补偿跨界断面

断面属性：县界

所属水系：滦河水系

所在水体：滦河

汇入水体：渤海

所在属地：承德市滦平县张百湾镇

责任属地：承德市滦平县

采样方式：岸采

是否季节性河流：否

自动站建设情况：无

断面位置及经纬度：承德市滦平县张百湾镇五道岭村九道河自然村双滦区界；北纬 40.9922°，东经 117.6864°

水体描述：水深范围 0.2～0.8 m，河宽范围 5～20 m

水质状况：2016—2019 年共监测 4 年，2016—2019 年水质类别为Ⅲ类，水质状况良好

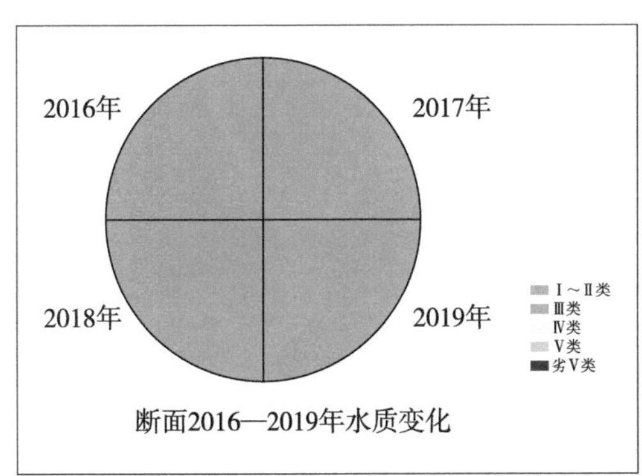

水质状况图

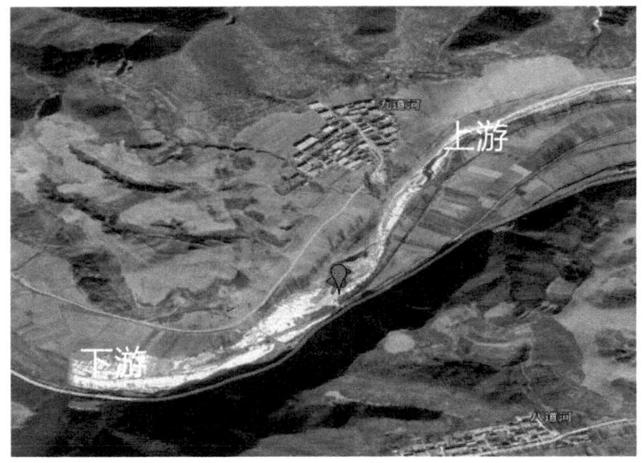

断面情况示意图

断面上游

断面下游

宫后

断面名称：宫后
断面编码：2CA00R067000_017N0
断面类型：河流
断面级别：省控 / 市控
断面属性：控制断面
所属水系：滦河水系
所在水体：滦河
汇入水体：渤海
所在属地：承德市双滦区
责任属地：承德市
采样方式：涉水
是否季节性河流：否
自动站建设情况：无

断面位置及经纬度：承德市双滦区宫后村；北纬 40.9582°，东经 117.7232°

水体描述：水深范围 0.2～0.6 m，河宽范围 15～20 m

水质状况：自 1986 年开展监测以来，1986—1995 年水质类别为Ⅲ类，1996—2005 年水质类别为Ⅴ类，2006 年水质类别为Ⅲ类，2007—2009 年水质类别为Ⅳ类，2010 年水质类别为Ⅲ类，2011—2013 年水质类别为Ⅳ类，2014—2017 年水质类别为Ⅲ类，2018 年水质类别为Ⅴ类，2019 年水质类别为Ⅲ类。该断面主要污染物为高锰酸盐指数

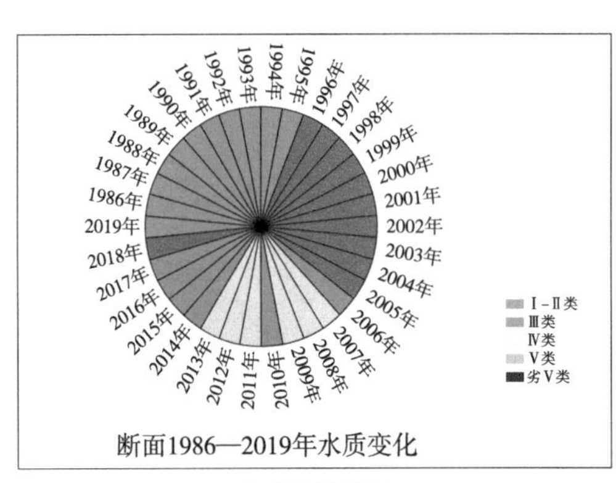

水质状况图

断面情况示意图

断面上游

断面下游

段才大洼

断面名称：段才大洼

断面编码：3CA00R067000_168N0

断面类型：河流

断面级别：生态补偿跨界断面

断面属性：控制断面

所属水系：滦河流域

汇入水体：滦河

所在属地：承德市围场满族蒙古族自治县

责任属地：承德市

采样方式：岸采

是否季节性河流：否

自动站建设情况：无

断面位置及经纬度：承德市围场满族蒙古族自治县棋盘山镇四十五号村围场哈里哈乡；北纬 42.1217°，东经 117.5983°

水体描述：水深范围 0.2～0.4 m，河宽范围 5～9 m；冰封期 12 月—次年 3 月

水质状况：2016—2019 年共监测 4 年，2016—2019 年水质类别为Ⅲ类，水质状况良好

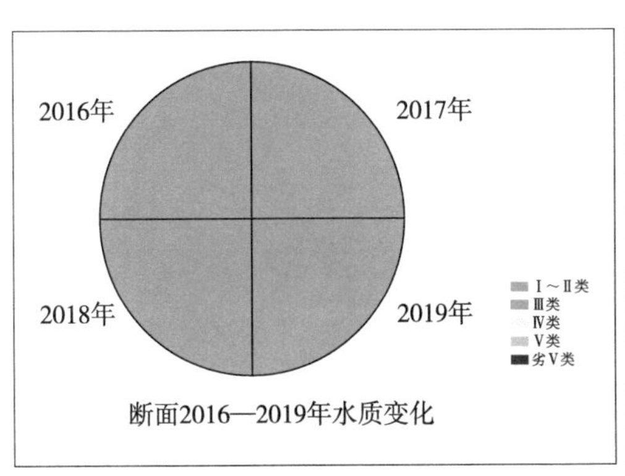

水质状况图

断面情况示意图

断面上游

断面下游

围场上游

断面名称：围场上游
断面编码：2CA00R067000_024N0
断面类型：河流
断面级别：省控 / 市控
断面属性：控制断面
所属水系：滦河水系
所在水体：伊逊河
汇入水体：滦河
所在属地：承德市围场县
责任属地：承德市
采样方式：涉水
是否季节性河流：否
自动站建设情况：无
断面位置及经纬度：承德市围场县龙头山乡；北纬 42.1235°，东经 117.6046°
水体描述：水深范围 0.3～0.4 m，河宽范围 5～7 m
水质状况：自 1991 年监测以来，1991—2000 年水质类别为Ⅳ类，2001—2005 年水质类别为劣Ⅴ，2006 年水质类别为Ⅴ类，2007—2008 年水质类别为劣Ⅴ类，2009—2010 年水质类别为Ⅲ类，2011—2013 年水质类别为Ⅳ类，2014 年水质类别为Ⅱ类，2015 年水质类别为Ⅲ类，2016 年水质类别为Ⅱ类，2017—2018 年水质类别为Ⅲ类，2019 年水质类别为Ⅱ类。该断面主要污染指标为氨氮、五日生化需氧量、石油类

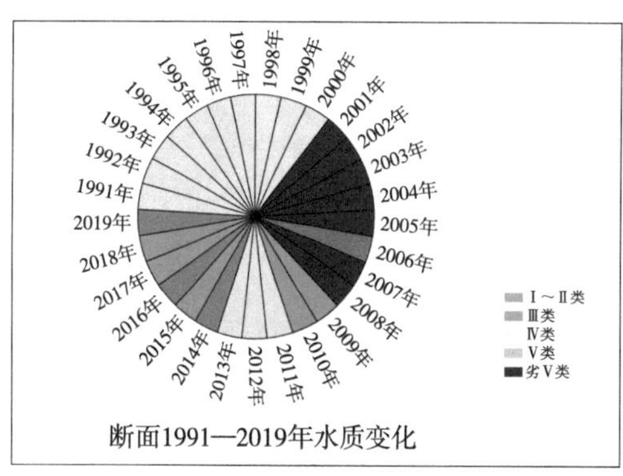

水质状况图

断面情况示意图

断面上游

断面下游

白云皋

断面名称：白云皋

断面编码：3CA00R067000_033N0

断面类型：河流

断面级别：河长制

断面属性：控制断面

所属水系：滦河水系

所在水体：伊逊河

汇入水体：滦河

所在属地：承德市围场满族蒙古族自治县

责任属地：承德市

采样方式：桥采

是否季节性河流：是

自动站建设情况：无

断面位置及经纬度：承德市围场满族蒙古族自治县棋盘山镇白云皋沟门龙头山乡；北纬 42.0419°，东经 117.6573°

水体描述：水深范围 0.3～0.5 m，河宽范围 6～8 m

水质状况：2016—2019 年共监测 4 年，2016—2019 年水质类别为Ⅲ类，水质状况良好

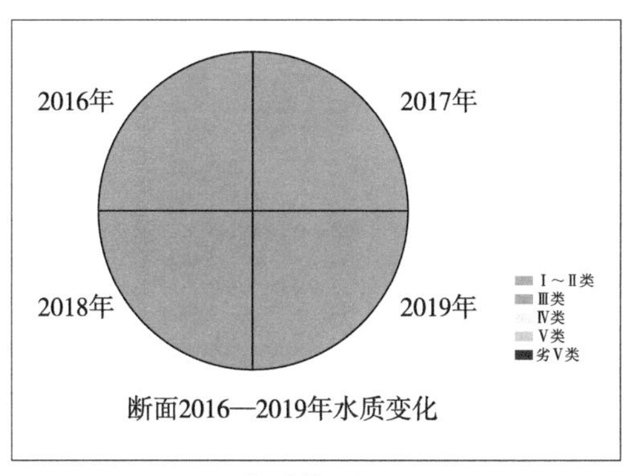

水质状况图

断面情况示意图

断面上游

断面下游

二板沟门

断面名称：二板沟门

断面编码：3CA00R067000_169N0

断面类型：河流

断面级别：河长制

断面属性：控制断面

所属水系：滦河流域

汇入水体：滦河

所在属地：承德市围场满族蒙古族自治县

责任属地：承德市

采样方式：桥采

是否季节性河流：否

自动站建设情况：无

断面位置及经纬度：承德市围场满族蒙古族自治县龙头山镇二板村围场镇；北纬 41.9971° ，东经 117.6842°

水体描述：水深范围 0.3～0.5 m，河宽范围 6～8 m

水质状况：2016—2019 年共监测 4 年，2016—2019 年水质类别为Ⅲ类，水质状况良好

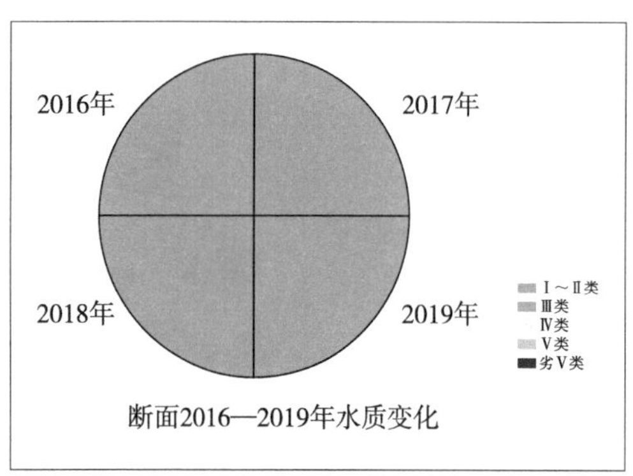

水质状况图

断面情况示意图

断面上游

断面下游

坡字村

断面名称：坡字村

断面编码：3CA00R067000_111N0

断面类型：河流

断面级别：河长制

断面属性：控制断面

所属水系：滦河水系

所在水体：伊逊河

汇入水体：滦河

所在属地：承德市围场满族蒙古族自治县

责任属地：承德市围场满族蒙古族自治县

采样方式：岸采

是否季节性河流：否

自动站建设情况：无

断面位置及经纬度：承德市围场满族蒙古族自治县四合永镇坡子村围场镇；北纬 41.9058°，东经 117.7746°

水体描述：水深范围 0.3～0.5 m，河宽范围 5～8 m

水质状况：2016—2019 年共监测 4 年，2016—2019 年水质类别为Ⅲ类，水质状况良好

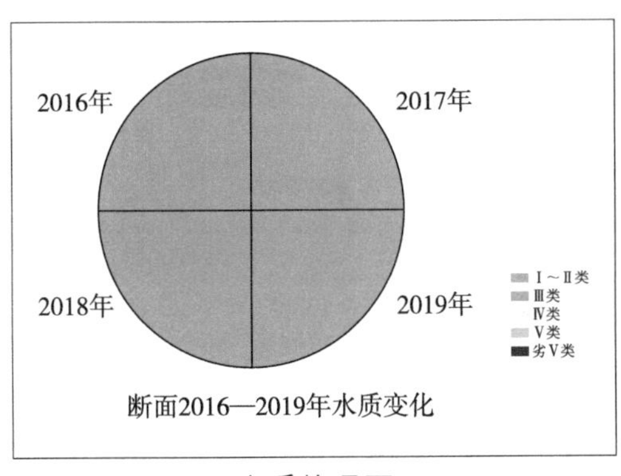

水质状况图

断面情况示意图

断面上游

断面下游

营字村 6 组

断面名称：营字村 6 组

断面编码：3CA00R067000_154N0

断面类型：河流

断面级别：河长制

断面属性：控制断面

所属水系：滦河水系

所在水体：伊逊河

汇入水体：滦河

所在属地：承德市围场满族蒙古族自治县

责任属地：承德市围场满族蒙古族自治县

采样方式：岸采

是否季节性河流：否

自动站建设情况：无

断面位置及经纬度：承德市围场满族蒙古族自治县四合永镇营子村；北纬 41.8066° ，东经 117.8299°

水体描述：水深范围 0.3～0.5 m，河宽范围 5～9 m

水质状况：2016—2019 年共监测 4 年，2016—2019 年水质类别为Ⅲ类，水质状况良好

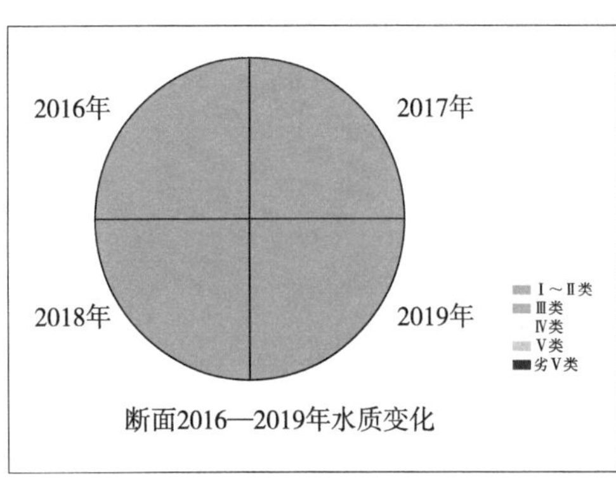

水质状况图

断面情况示意图

断面上游

断面下游

石片

断面名称：石片

断面编码：3CA10R067000_127N0

断面类型：河流

断面级别：生态补偿断面 / 河长制

断面属性：控制断面

所属水系：滦河流域

所在水体：伊逊河

汇入水体：滦河

所在属地：承德市围场满族蒙古族自治县

责任属地：承德市围场满族蒙古族自治县

采样方式：岸采

是否季节性河流：否

自动站建设情况：无

断面位置及经纬度：承德市围场满族蒙古族自治县四道沟乡横河子村隆化县界；北纬 41.6961°，东经 117.8623°

水体描述：水深范围 0.3～0.5 m，河宽范围 5～9 m

水质状况：2016—2019 年共监测 4 年，2016—2019 年水质类别为Ⅲ类，水质状况良好

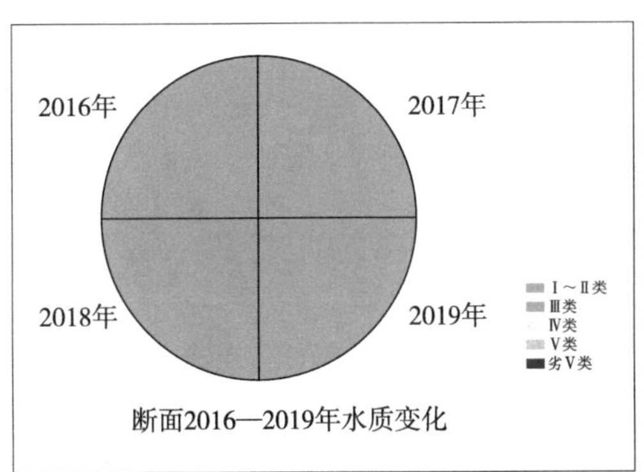

水质状况图

断面情况示意图

断面上游

断面下游

西杨树沟村小桥下游 180 米

断面名称：西杨树沟村小桥下游 180 米

断面编码：3CA00R067000_144N0

断面类型：河流

断面级别：河长制

断面属性：控制断面

所属水系：滦河水系

所在水体：伊逊河

汇入水体：滦河

所在属地：承德市隆化县

责任属地：承德市隆化县

采样方式：岸采

是否季节性河流：否

自动站建设情况：无

断面位置及经纬度：承德市隆化县唐三营镇西杨树沟村隆化县张三营镇；北纬 41.6896° ，东经 117.8503°

水体描述：水深范围 0.5～0.7 m，河宽范围 6～9 m

水质状况：2016—2019 年共监测 4 年，2016—2019 年水质类别为Ⅲ类，水质状况良好

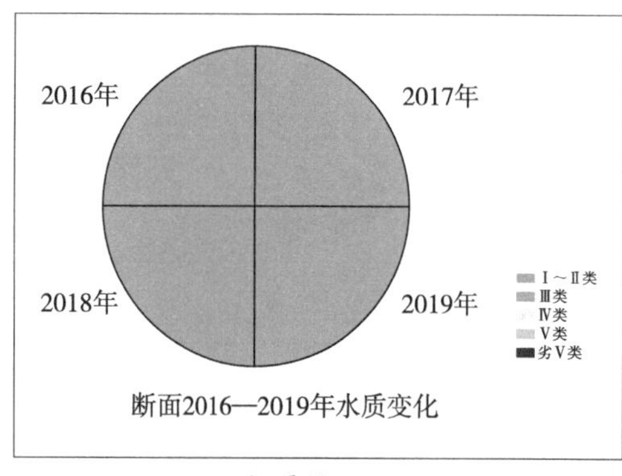

水质状况图

断面情况示意图

断面上游

断面下游

唐三营

断面名称：唐三营

断面编码：CA00S130800_2011A

断面类型：河流

断面级别：国控 / 省控 / 市控

断面属性：控制断面

所属水系：滦河水系

所在水体：伊逊河

汇入水体：滦河

所在属地：承德市隆化县

责任属地：承德市

采样方式：桥采

是否季节性河流：否

自动站建设情况：2017 年建站

断面位置及经纬度：承德市隆化县围场县；北纬 41.6435°，东经 117.7857°

水体描述：水深范围 0.5～2 m，河宽范围 8～15 m

水质状况：自 1991 年监测以来，1991—1995 年、2001—2009 年、2011 年、2013 年、2019 年水质类别为Ⅳ类，主要污染指标为总磷，其余年份水质呈良好水平

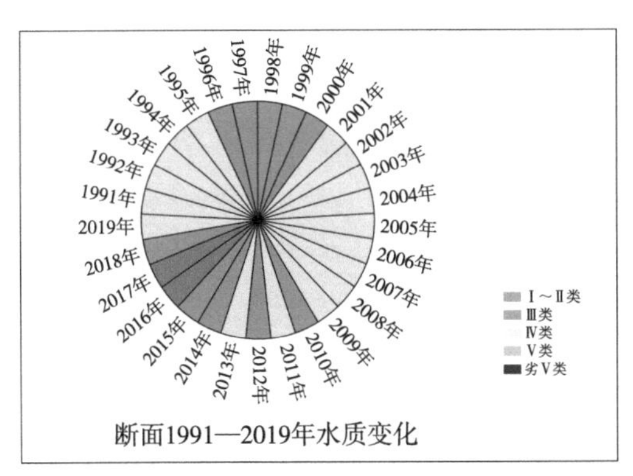

水质状况图

断面情况示意图

自动监测站

断面上游

断面下游

偏坡营乡

断面名称：偏坡营乡

断面编码：3CA00R067000_108N0

断面类型：河流

断面级别：河长制

断面属性：控制断面

所属水系：滦河水系

所在水体：伊逊河

汇入水体：滦河

所在属地：河北省承德市隆化县

责任属地：河北省承德市隆化县

采样方式：岸采

是否季节性河流：否

自动站建设情况：无

断面位置及经纬度：承德市隆化县偏坡营乡；北纬 41.5297°，东经 117.7383°

水体描述：水深范围 0.2～1 m，河宽范围 8～15 m

水质状况：2016—2019 年共监测 4 年，2016—2019 年水质类别为Ⅲ类，水质状况良好

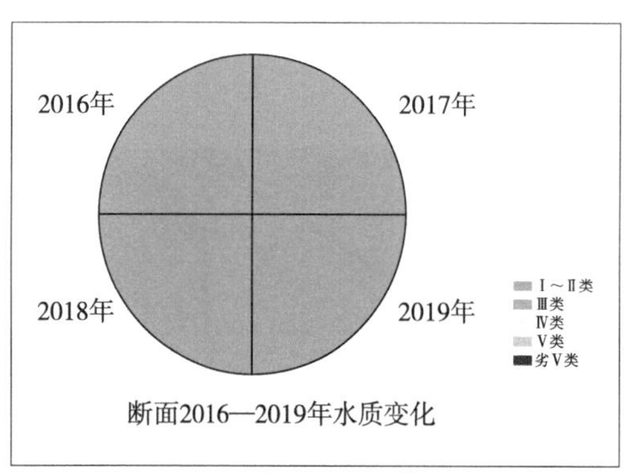

水质状况图

断面情况示意图

断面上游

断面下游

张三营镇

断面名称：张三营镇
断面编码：3CA00R067000_159N0
断面类型：河流
断面级别：河长制
断面属性：控制断面
所属水系：滦河水系
所在水体：伊逊河
汇入水体：滦河
所在属地：承德市隆化县
责任属地：承德市隆化县
采样方式：岸采

是否季节性河流：否
自动站建设情况：无
断面位置及经纬度：承德市隆化县张三营镇罗鼓营村；北纬 41.5297°，东经 117.7530°
水体描述：水深范围 0～0.5 m，河宽范围 0～2 m
水质状况：2016—2019 年共监测 4 年，2016—2019 年水质类别为Ⅲ类，水质状况良好

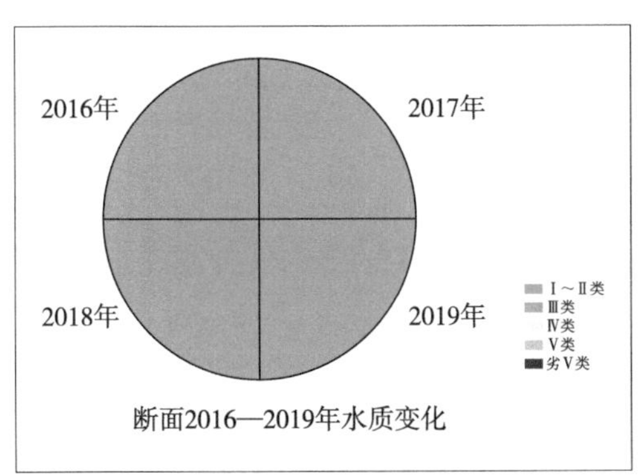

水质状况图

断面情况示意图

断面上游

断面下游

沙坨子村

断面名称：沙坨子村

断面编码：3CA00R067000_119N0

断面类型：河流

断面级别：河长制

断面属性：控制断面

所属水系：滦河流域

所在水体：伊逊河

汇入水体：滦河

所在属地：承德市隆化县

责任属地：承德市隆化县

采样方式：岸采

是否季节性河流：否

自动站建设情况：无

断面位置及经纬度：承德市隆化县汤头沟镇沙坨子村偏坡营村；北纬 41.5214°，东经 117.7530°

水体描述：水深范围 0.3～1 m，河宽范围 5～10 m

水质状况：2016—2019 年共监测 4 年，2016—2019 年水质类别为Ⅲ类，水质状况良好

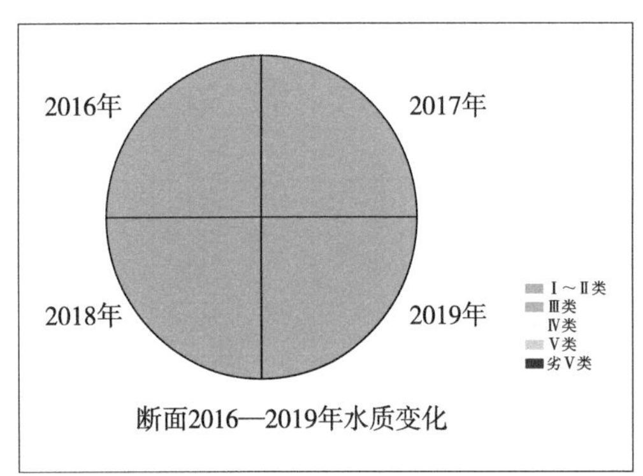

水质状况图

断面情况示意图

断面上游

断面下游

河东村与颇赖村交界

断面名称：河东村与颇赖村交界
断面编码：3CA10R067000_050N0
断面类型：河流
断面级别：河长制
断面属性：控制断面
所属水系：滦河水系
所在水体：伊逊河
汇入水体：渤海
所在属地：承德市隆化县
责任属地：承德市隆化县
采样方式：岸采

是否季节性河流：否
自动站建设情况：无
断面位置及经纬度：承德市隆化县张三营镇河东村偏坡营；北纬 41.5375°，东经 117.7411°
水体描述：水深范围 0.2～1 m，河宽范围 1～5 m
水质状况：2016—2019 年共监测 4 年，2016—2019 年水质类别为Ⅲ类，水质状况良好

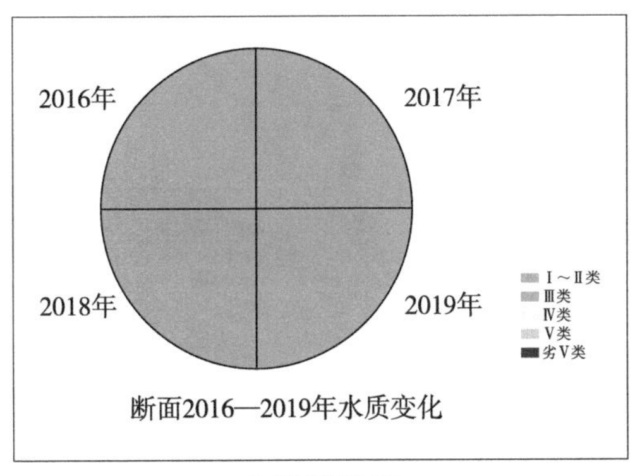

水质状况图

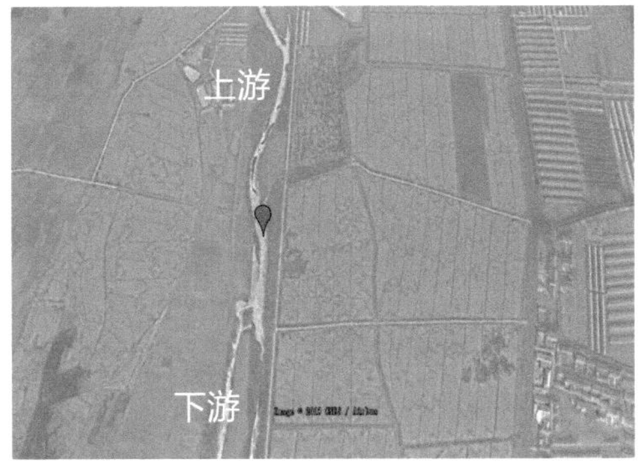

断面情况示意图

断面上游

断面下游

阿拉营村铁路桥下

断面名称：阿拉营村铁路桥下

断面编码：3CA00R067000_029N0

断面类型：河流

断面级别：河长制

断面属性：控制断面

所属水系：滦河水系

所在水体：伊逊河

汇入水体：滦河

所在属地：承德市隆化县

责任属地：承德市

采样方式：岸采

是否季节性河流：否

自动站建设情况：无

断面位置及经纬度：承德市隆化县隆化镇阿拉营村汤头沟镇；北纬 41.4217°，东经 117.7147°

水体描述：水深范围 0.5～3 m，河宽范围 5～10 m

水质状况：2016—2019 年共监测 4 年，2016—2019 年水质类别为Ⅲ类，水质状况良好

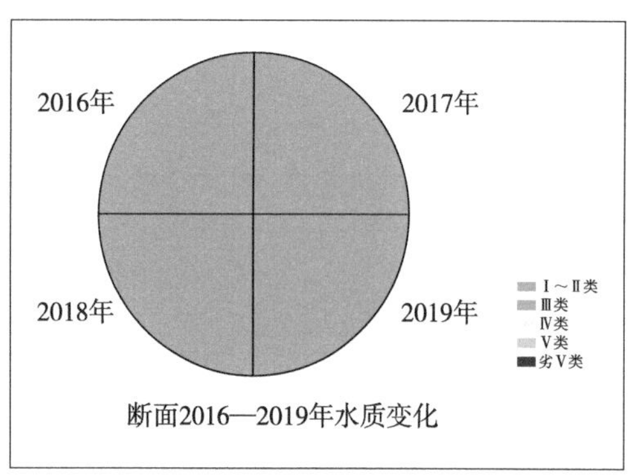

水质状况图

断面情况示意图

断面上游

断面下游

双峰山桥

断面名称：双峰山桥

断面编码：3CA00R067000_129N0

断面类型：河流

断面级别：市控 / 生态补偿跨界断面

断面属性：控制断面

所属水系：滦河水系

所在水体：蚁蚂吐河

汇入水体：伊逊河

所在属地：承德市隆化县

责任属地：承德市隆化县

采样方式：桥采

是否季节性河流：否

自动站建设情况：无

断面位置及经纬度：承德市隆化县西阿超乡双峰山村围场县界；北纬 41.7995°，东经 117.4498°

水体描述：水深范围 0.1～1 m，河宽范围 3～11 m

水质状况：2016—2019 年共监测 4 年，2016—2019 年水质类别为Ⅲ类，水质状况良好

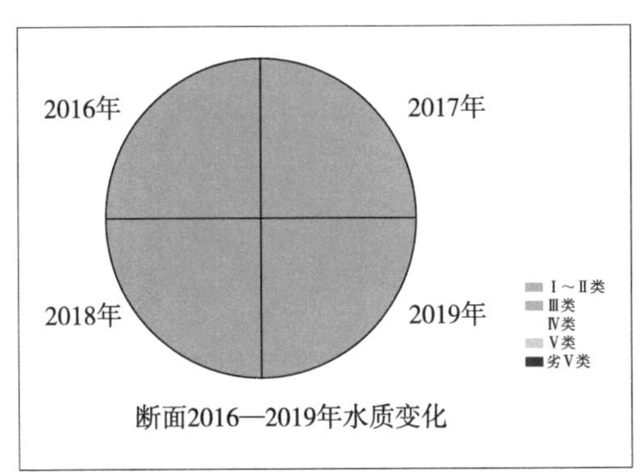

水质状况图

断面情况示意图

断面上游

断面下游

茅茨路

断面名称：茅茨路

断面编码：3CA10R067000_094N0

断面类型：河流

断面级别：市控 / 生态补偿跨界断面 / 河长制 / 趋势研究

断面属性：县界

所属水系：滦河水系

所在水体：伊逊河

汇入水体：滦河

所在属地：承德市隆化县

责任属地：承德市隆化县

采样方式：岸采

是否季节性河流：否

自动站建设情况：无

断面位置及经纬度：承德市隆化县隆化镇茅茨路村滦平县界；北纬 41.1799°，东经 117.6045°

水体描述：水深范围 0.5～1 m，河宽范围 6～12 m

水质状况：2016—2019 年共监测 4 年，2016—2019 年水质类别为Ⅲ类，水质状况良好

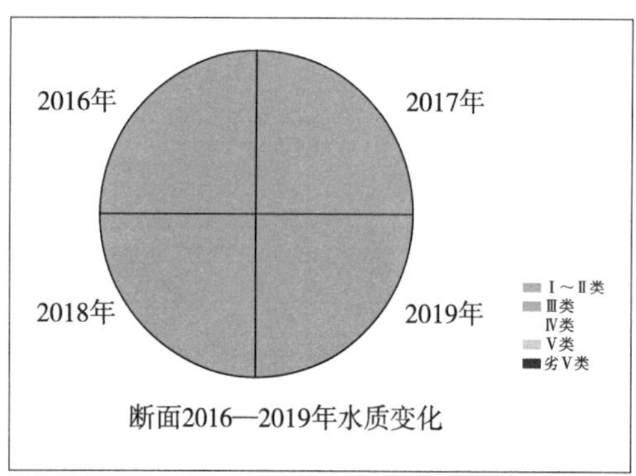

水质状况图

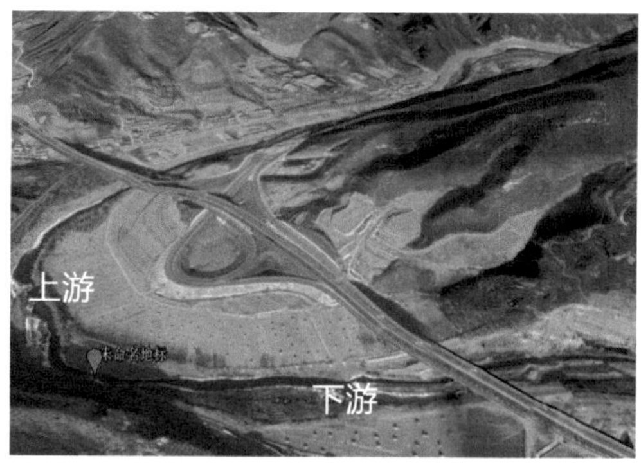

断面情况示意图

断面上游

断面下游

钓鱼台桥

断面名称：钓鱼台桥

断面编码：3CA00R067000_164N0

断面类型：河流

断面级别：生态补偿跨界断面

断面属性：控制断面

所属水系：滦河流域

汇入水体：滦河

所在属地：承德市滦平县小营乡

责任属地：承德市滦平县

采样方式：桥采

是否季节性河流：否

自动站建设情况：无

断面位置及经纬度：承德市滦平县小营乡二道沟门村红旗镇；北纬 41.0965°，东经 117.6958°

水体描述：水深范围 0.2～0.7 m，河宽范围 2～10 m；冰封期 12 月—次年 3 月；无断流情况

水质状况：2016—2019 年共监测 4 年，2016—2019 年水质类别为Ⅲ类，水质状况良好

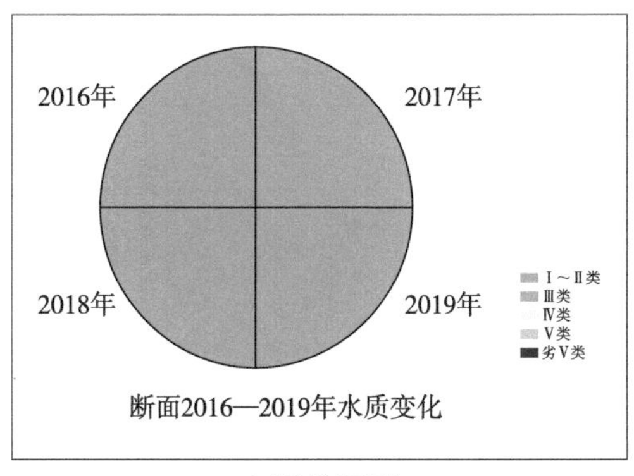

水质状况图

断面情况示意图

断面上游

断面下游

姜田营

断面名称：姜田营

断面编码：3CA10R067000_066N0

断面类型：河流

断面级别：生态补偿跨界断面 / 河长制

断面属性：县界

所属水系：滦河水系

所在水体：伊逊河

汇入水体：滦河

所在属地：承德市滦平县小营乡

责任属地：承德市滦平县

采样方式：桥采

是否季节性河流：否

自动站建设情况：无

断面位置及经纬度：承德市滦平县小营乡田营自然村双滦区界；北纬 41.0233°，东经 117.7074°

水体描述：水深范围 0.2～0.7 m，河宽范围 5～10 m

水质状况：2016—2019 年共监测 4 年，2016—2019 年水质类别为Ⅲ类，水质状况良好

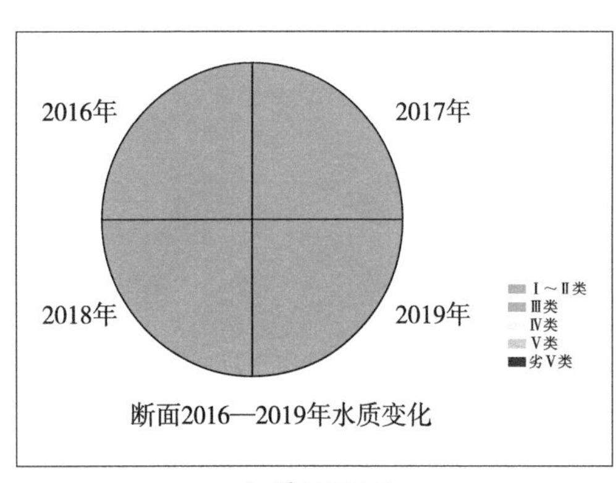

水质状况图

断面情况示意图

断面上游

断面下游

李台

断面名称：李台

断面编码：CA00S130800_2012A

断面类型：河流

断面级别：国控 / 省控 / 市控

断面属性：控制断面

所属水系：滦河水系

所在水体：伊逊河

汇入水体：滦河

所在属地：承德市双滦区

责任属地：承德市

采样方式：涉水采

是否季节性河流：否

自动站建设情况：2017 年建站

断面位置及经纬度：承德市双滦区李台村；北纬 40.9913°，东经 117.7744°

水体描述：水深范围 0.2～0.6 m，河宽范围 10～15 m

水质状况：自 1991 年监测以来，1991—2005 年、2001—2002 年、2017 年水质类别均为Ⅳ类，主要污染物为氨氮、五日生化需氧量、总磷。其余年份水质稳定，呈良好水平

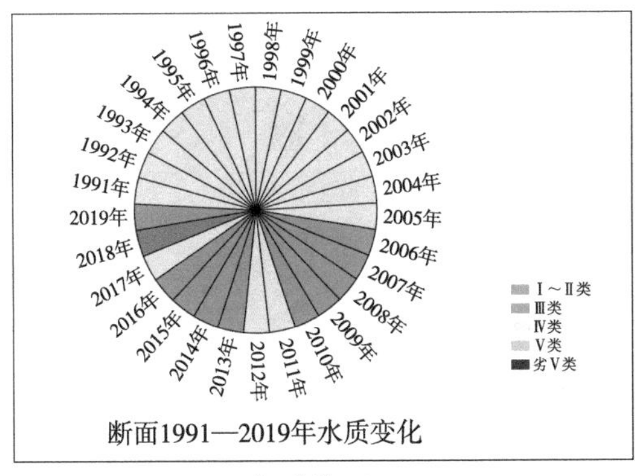

水质状况图

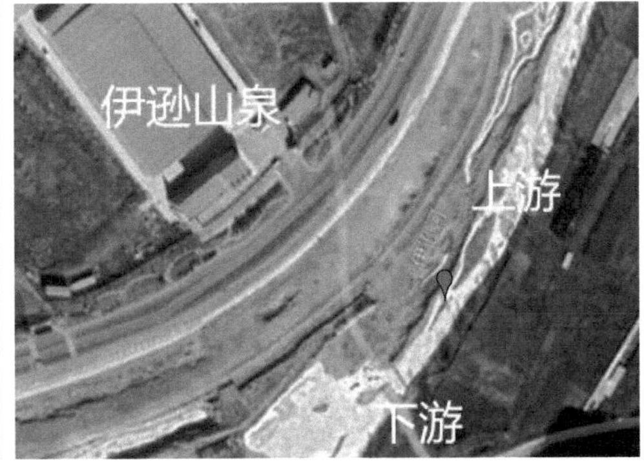

断面情况示意图

自动监测站

断面上游

断面下游

承钢大桥

断面名称：承钢大桥
断面编码：2CA00R067000_015N0
断面类型：河流
断面级别：省控 / 市控
断面属性：控制断面
所属水系：滦河水系
所在水体：滦河
汇入水体：渤海
所在属地：承德市双滦区
责任属地：承德市
采样方式：涉水

是否季节性河流：否
自动站建设情况：无
断面位置及经纬度：承德市双滦区双滦镇；北纬 40.9577°，东经 117.7503°
水体描述：水深范围 0.2～1.2 m，河宽范围 20～35 m
水质状况：自 1986 年监测以来，1986—2005 年、2007—2012 年、2017 年、2019 年水质类别均为Ⅳ类，2018 年为劣Ⅴ类，主要污染物为总磷、高锰酸盐指数。其余年份水质呈良好水平

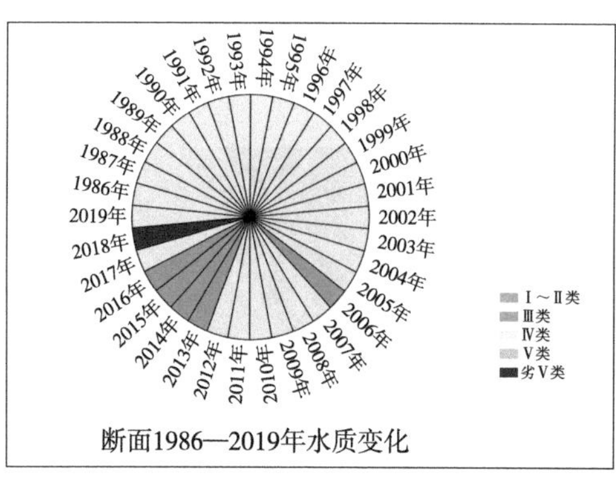

水质状况图

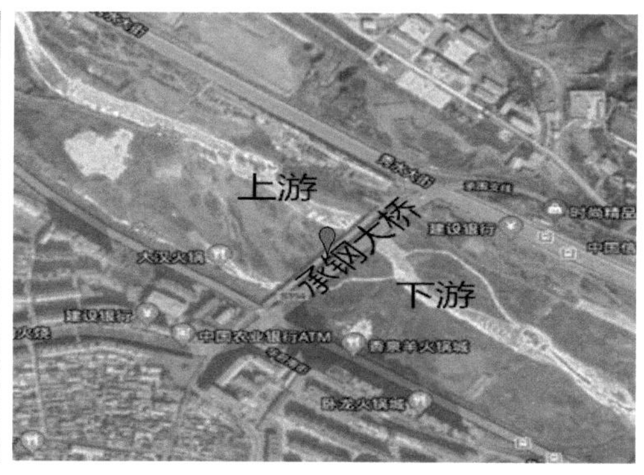

断面情况示意图

断面上游

断面下游

凡西营村

断面名称：凡西营村

断面编码：3CA00R067000_172N0

断面类型：河流

断面级别：市控

断面属性：控制断面

所属水系：滦河流域

汇入水体：滦河

所在属地：承德市滦平县付营子镇

责任属地：承德市

采样方式：桥采

是否季节性河流：否

自动站建设情况：无

断面位置及经纬度：承德市滦平县付营子镇凡西营村；北纬 40.8910°，东经 117.7459°

水体描述：水深范围 0.2～0.3 m，河宽范围 2～5 m；冰封期 12 月—次年 3 月；有断流情况

水质状况：2016—2019 年共监测 4 年，2016—2019 年水质类别为Ⅲ类，水质状况良好

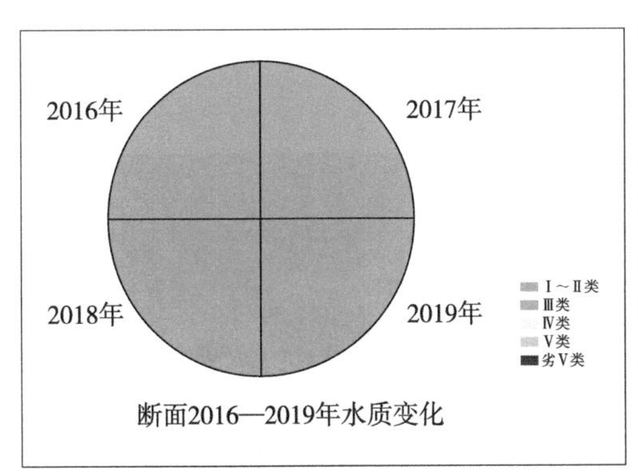

水质状况图

断面情况示意图

断面上游

断面下游

偏桥子大桥

断面名称：偏桥子大桥

断面编码：130800_0003

断面类型：河流

断面级别：国控 / 省控 / 市控

断面属性：控制断面

所属水系：滦河水系

所在水体：滦河

汇入水体：渤海

所在属地：承德市双滦区

责任属地：承德市

采样方式：桥采

是否季节性河流：否

自动站建设情况：2017 年建站

断面位置及经纬度：承德市双滦区偏桥子镇；北纬 40.8919°，东经 117.7975°

水体描述：水深范围 0.2～0.8 m，河宽范围 10～30 m

水质状况：自 1991 年监测以来，1991—2008 年、2012—2013 年、2018 年水质类别均为Ⅳ类，主要污染物为总磷、高锰酸盐指数。其余年份水质稳定，呈良好水平

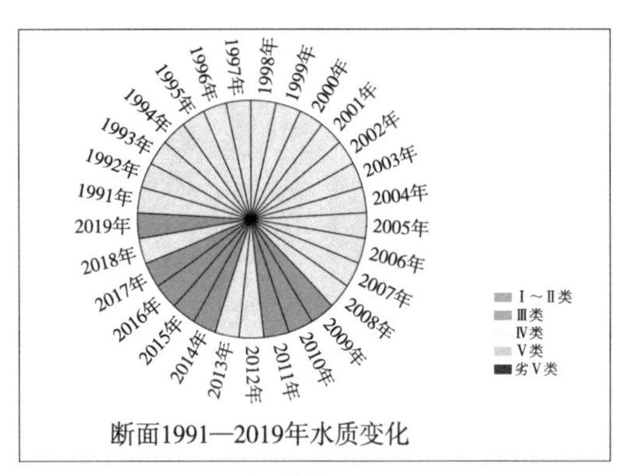

水质状况图

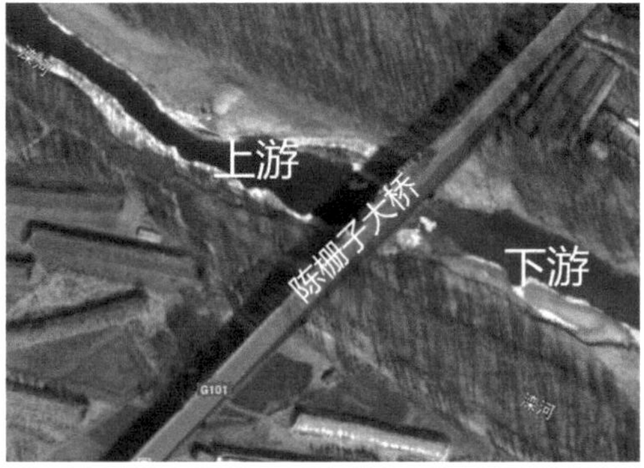

断面情况示意图

自动监测站

断面上游

断面下游

石门子

断面名称：石门子

断面编码：3CA10R067000_126N0

断面类型：河流

断面级别：生态补偿跨界断面

断面属性：控制断面

所属水系：滦河流域

所在水体：滦河

汇入水体：渤海

所在属地：承德市双滦区

责任属地：承德市双滦区

采样方式：岸采

是否季节性河流：否

自动站建设情况：无

断面位置及经纬度：承德市双滦区冯营子镇冯营子村；北纬 40.8923°，东经 117.8744°

水体描述：水深范围 0.5～1.5 m，河宽范围 15～25 m

水质状况：2016—2019 年共监测 4 年，2016—2019 年水质类别为Ⅲ类，水质状况良好

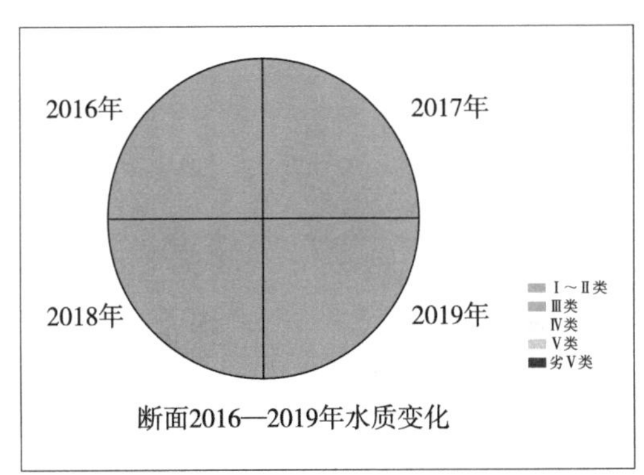

水质状况图

断面情况示意图

断面上游

断面下游

梁家湾

断面名称：梁家湾

断面编码：3CA10R067000_080N0

断面类型：河流

断面级别：市控 / 生态补偿断面

断面属性：县界

所属水系：滦河水系

所在水体：鹦鹉河

汇入水体：滦河

所在属地：承德市围场满族蒙古族自治县

责任属地：承德市围场满族蒙古族自治县

采样方式：岸采

是否季节性河流：否

自动站建设情况：无

断面位置及经纬度：承德市围场满族蒙古族自治县蓝旗卡伦乡冯家店村；北纬41.5981°，东经118.0532°

水体描述：水深范围 0.3～0.5 m，河宽范围 3～6 m

水质状况：2016—2019 年共监测 4 年，2016—2019 年水质类别为Ⅲ类，水质状况良好

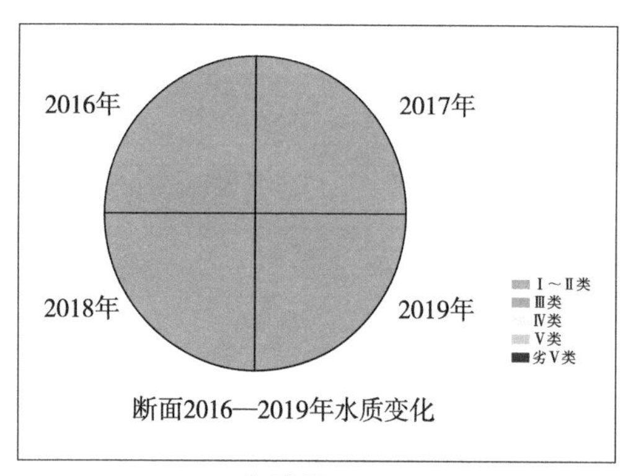

水质状况图

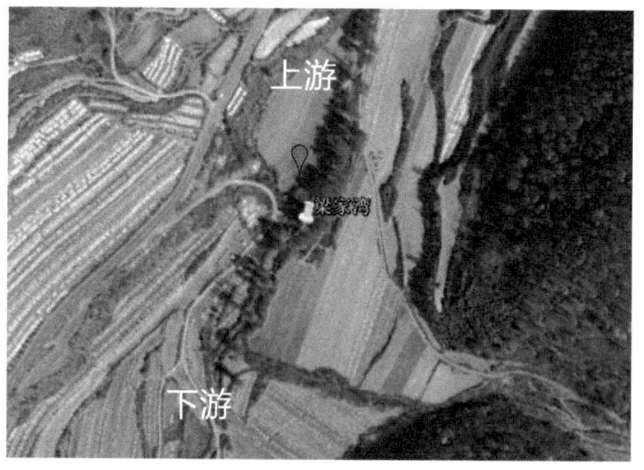

断面情况示意图

断面上游

断面下游

隆化县邓厂村与榆树底大桥

断面名称：隆化县邓厂村与榆树底大桥
断面编码：3CA00R067000_085N0
断面类型：河流
断面级别：河长制
断面属性：控制断面
所属水系：滦河水系
所在水体：鹦鹉河
汇入水体：武烈河
所在属地：承德市隆化县
责任属地：承德市隆化县
采样方式：岸采

是否季节性河流：否
自动站建设情况：无
断面位置及经纬度：承德市隆化县荒地乡邓厂村章吉营乡；北纬 41.4053°，东经 117.9469°
水体描述：水深范围 0.2～0.8 m，河宽范围 3～5 m
水质状况：2016—2019 年共监测 4 年，2016—2019 年水质类别为Ⅲ类，水质状况良好

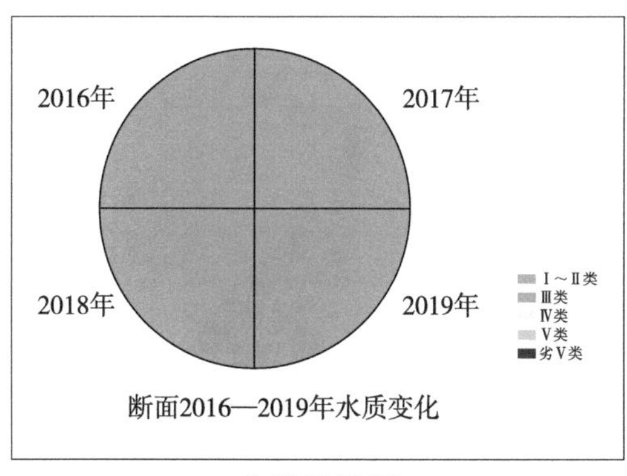

水质状况图

断面情况示意图

断面上游

断面下游

南孤山村与北铺子交界处

断面名称：南孤山村与北铺子交界处

断面编码：3CA00R067000_103N0

断面类型：河流

断面级别：河长制

断面属性：控制断面

所属水系：滦河水系

所在水体：鹦鹉河

汇入水体：武烈河

所在属地：承德市隆化县

责任属地：承德市隆化县

采样方式：岸采

是否季节性河流：否

自动站建设情况：无

断面位置及经纬度：承德市隆化县章吉营乡南孤山村隆化县中关镇；北纬41.2464°，东经117.9553°

水体描述：水深范围0.2～0.8 m，河宽范围8～15 m

水质状况：2016—2019年共监测4年，2016—2019年水质类别为Ⅲ类，水质状况良好

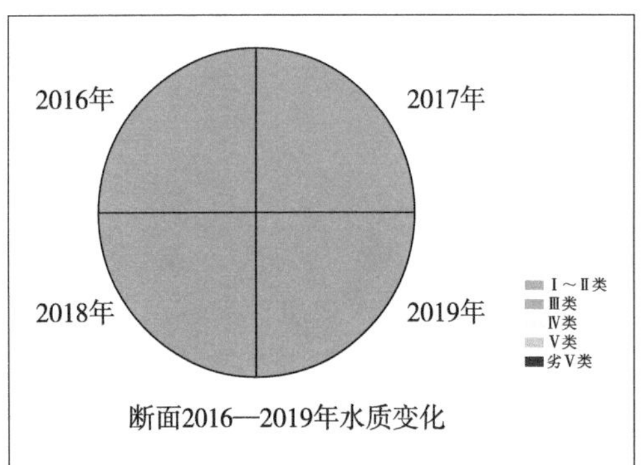

水质状况图

断面情况示意图

断面上游

断面下游

中关喜上喜水泥厂

断面名称：中关喜上喜水泥厂

断面编码：3CA00R067000_162N0

断面类型：河流

断面级别：生态补偿跨界断面

断面属性：控制断面

所属水系：滦河水系

所在水体：武烈河

汇入水体：滦河

所在属地：承德市隆化县

责任属地：承德市隆化县

采样方式：岸采

是否季节性河流：否

自动站建设情况：无

断面位置及经纬度：承德市隆化县中关镇龙凤村；北纬 41.1707°，东经 117.9785°

水体描述：水深范围 0.3～0.8 m，河宽范围 2～5 m

水质状况：2016—2019 年共监测 4 年，2016—2019 年水质类别为Ⅲ类，水质状况良好

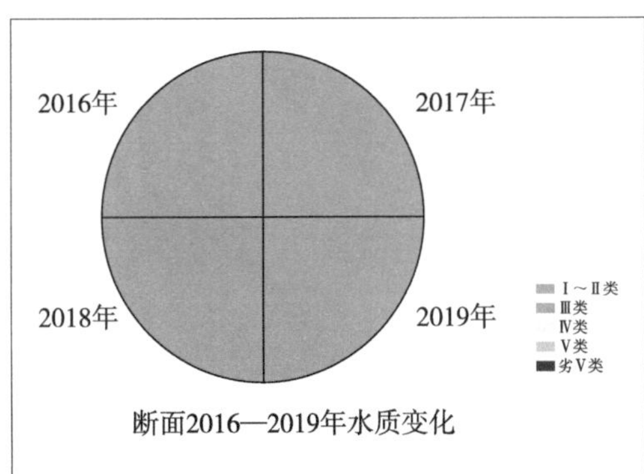

水质状况图

断面情况示意图

断面上游

断面下游

营房

断面名称：营房

断面编码：3CA00R067000_153N0

断面类型：河流

断面级别：河长制

断面属性：控制断面

所属水系：滦河水系

所在水体：武烈河

汇入水体：滦河

所在属地：承德市隆化县

责任属地：承德市隆化县

采样方式：岸采

是否季节性河流：否

自动站建设情况：无

断面位置及经纬度：承德市承德县高寺台镇营房村；北纬 41.1490°，东经 117.9673°

水体描述：水深范围 0.5～1 m，河宽范围 8～12 m

水质状况：2016—2019 年共监测 4 年，2016—2019 年水质类别为Ⅲ类，水质状况良好

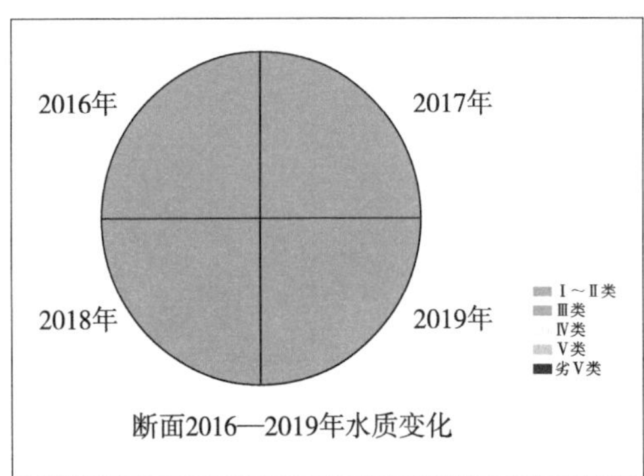

水质状况图

断面情况示意图

断面上游

断面下游

马虎营村与于家店村交界处

断面名称：马虎营村与于家店村交界处

断面编码：3CA00R067000_092N0

断面类型：河流

断面级别：河长制

断面属性：控制断面

所属水系：滦河水系

所在水体：兴隆河

汇入水体：武烈河

所在属地：承德市隆化县

责任属地：承德市隆化县

采样方式：岸采

是否季节性河流：否

自动站建设情况：无

断面位置及经纬度：承德市隆化县韩麻营镇马虎营村隆化县中关镇；北纬 41.5575°，东经 117.1692°

水体描述：水深范围 0.2～0.8 m，河宽范围 3～5 m

水质状况：2016—2019 年共监测 4 年，2016—2019 年水质类别为Ⅲ类，水质状况良好

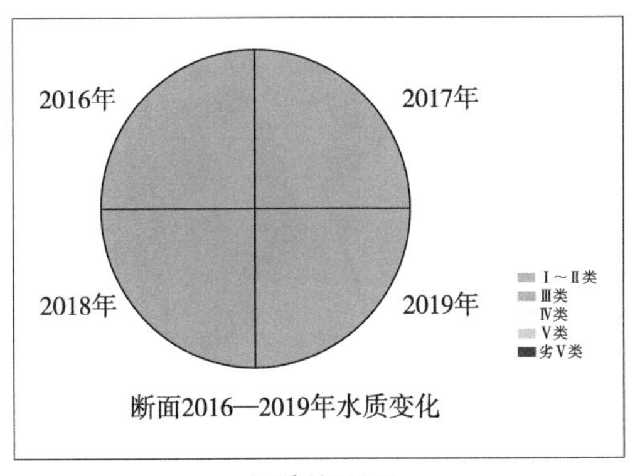

水质状况图

断面情况示意图

断面上游

断面下游

中关大桥

断面名称：中关大桥

断面编码：3CA00R067000_161N0

断面类型：河流

断面级别：河长制、生态补偿跨界断面

断面属性：控制断面

所属水系：滦河水系

所在水体：兴隆河

汇入水体：武烈河

所在属地：承德市隆化县

责任属地：承德市隆化县

采样方式：岸采

是否季节性河流：否

自动站建设情况：无

断面位置及经纬度：承德市隆化县中关镇中关村；北纬 41.1648°，东经 117.9767°

水体描述：水深范围 0.5～1.2 m，河宽范围 3～8 m

水质状况：2016—2019 年共监测 4 年，2016—2019 年水质类别为Ⅲ类，水质状况良好

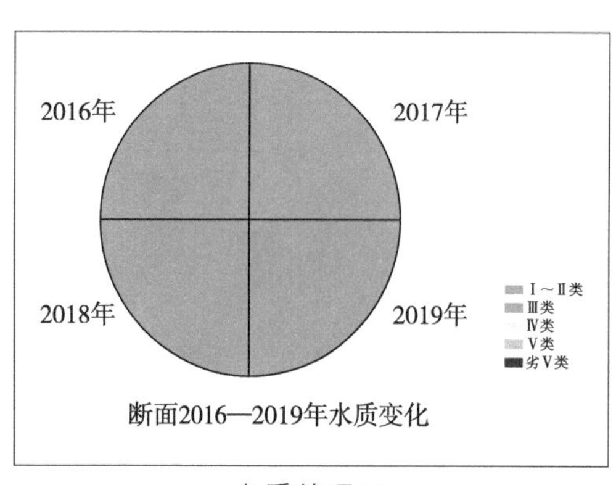

水质状况图

断面情况示意图

断面上游

断面下游

三门村

断面名称：三门村

断面编码：3CA00R067000_118N0

断面类型：河流

断面级别：河长制

断面属性：控制断面

所属水系：滦河水系

所在水体：玉带河

汇入水体：武烈河

所在属地：承德市承德县

责任属地：承德市承德县

采样方式：涉水

是否季节性河流：否

自动站建设情况：无

断面位置及经纬度：承德县磴上镇三道沟门村；北纬 41.3847° ，东经 118.2564°

水体描述：水深范围 0.2～0.3 m，河宽范围 1.5～2 m

水质状况：2016—2019 年共监测 4 年，2016—2019 年水质类别为Ⅲ类，水质状况良好

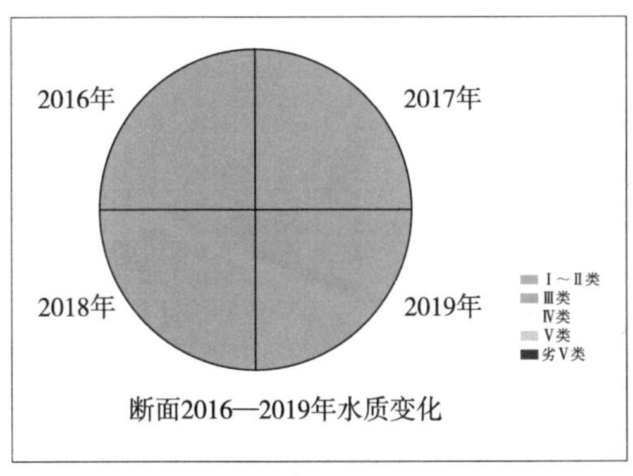

水质状况图

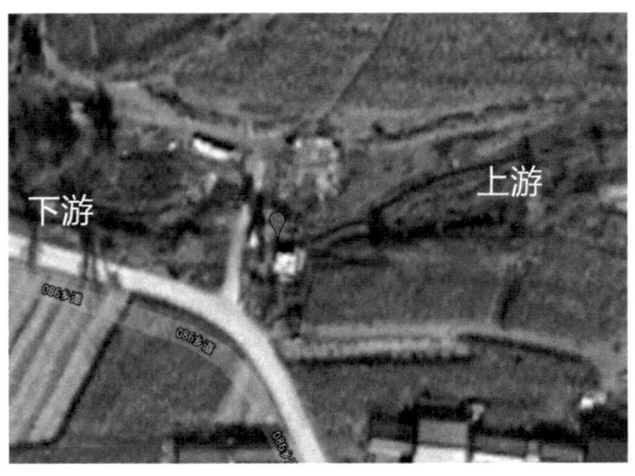

断面情况示意图

断面上游

断面下游

南山桥

断面名称：南山桥

断面编码：3CA00R067000_106N0

断面类型：河流

断面级别：河长制

断面属性：控制断面

所属水系：滦河水系

所在水体：玉带河

汇入水体：武烈河

所在属地：承德市承德县

责任属地：承德市承德县

采样方式：涉水

是否季节性河流：否

自动站建设情况：无

断面位置及经纬度：承德市承德县磴上镇南山村；北纬 41.2661°，东经 118.1803°

水体描述：水深范围 0.2～0.3 m，河宽范围 6～8 m

水质状况：2016—2019 年共监测 4 年，2016—2019 年水质类别为Ⅲ类，水质状况良好

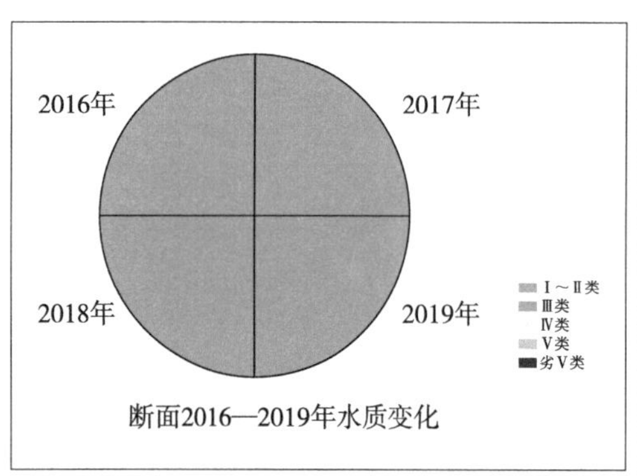

水质状况图

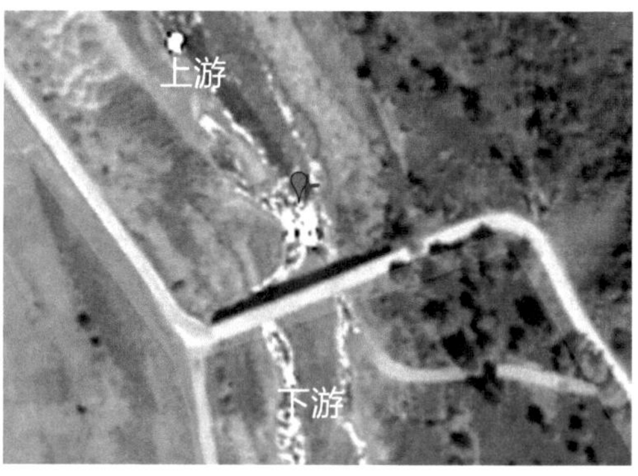

断面情况示意图

断面上游

断面下游

大孤山

断面名称：大孤山

断面编码：3CA00R067000_043N0

断面类型：河长制

断面级别：控制断面

断面属性：市界

所属水系：滦河流域

所在水体：玉带河

汇入水体：武烈河

所在属地：承德市承德县

责任属地：承德市

采样方式：涉水

是否季节性河流：否

自动站建设情况：无

断面位置及经纬度：承德市承德县头沟镇大孤山村；北纬 41.2006°，东经 118.1511°

水体描述：水深范围 0.3～0.4 m，河宽范围 8～10 m；冰封期每年的 12 月—次年的 2 月；无断流情况

水质状况：2016—2019 年共监测 4 年，2016—2019 年水质类别为Ⅲ类，水质状况良好

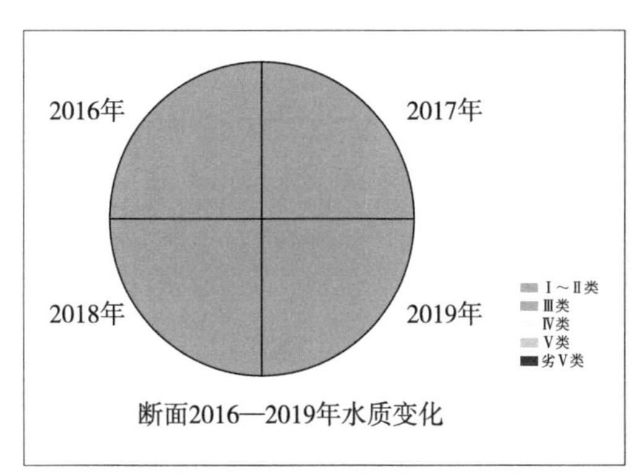

水质状况图

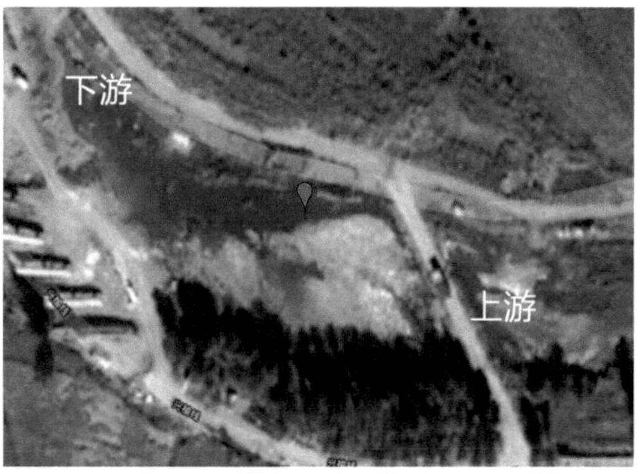

断面情况示意图

断面上游

断面下游

茅沟河源头

断面名称：茅沟河源头

断面编码：3CA00R067000_095N0

断面类型：河流

断面级别：生态补偿跨界断面

断面属性：控制断面

所属水系：滦河水系

所在水体：茅沟河

汇入水体：武烈河

所在属地：承德市隆化县

责任属地：承德市隆化县

采样方式：岸采

是否季节性河流：否

自动站建设情况：无

断面位置及经纬度：承德市隆化县茅荆坝乡茅荆坝森林公园；北纬 41.5253°，东经 118.2974°

水体描述：因该点位位于茅荆坝森林公园内，目前已封山，无法进入

水质状况：2016—2019 年共监测 4 年，2016—2019 年水质类别为Ⅲ类，水质状况良好

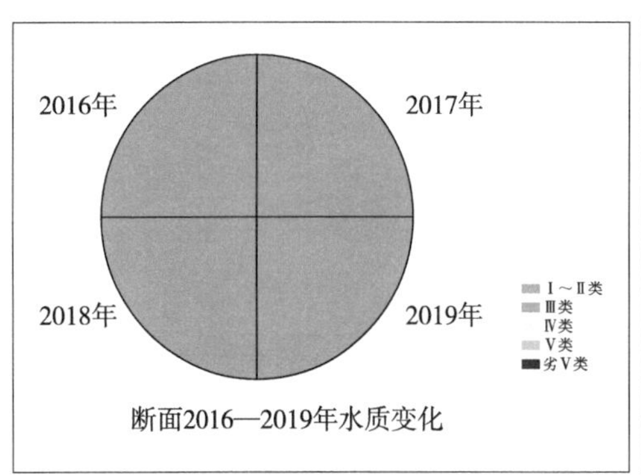

水质状况图

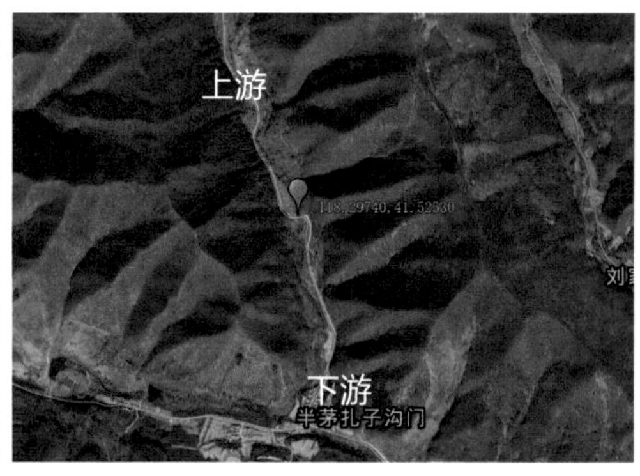

断面情况示意图

郑家沟村与温泉村承赤高速大桥

断面名称：郑家沟村与温泉村承赤高速大桥

断面编码：3CA00R067000_160N0

断面类型：河流

断面级别：河长制

断面属性：控制断面

所属水系：滦河水系

所在水体：茅沟河

汇入水体：武烈河

所在属地：承德市隆化县

责任属地：承德市隆化县

采样方式：桥采

是否季节性河流：否

自动站建设情况：无

断面位置及经纬度：承德市隆化县茅荆坝乡郑家沟村隆化县七家乡界；北纬 41.4886°，东经 118.1175°

水体描述：水深范围 0.3～1 m，河宽范围 5～10 m

水质状况：2016—2019 年共监测 4 年，2016—2019 年水质类别为Ⅲ类，水质状况良好

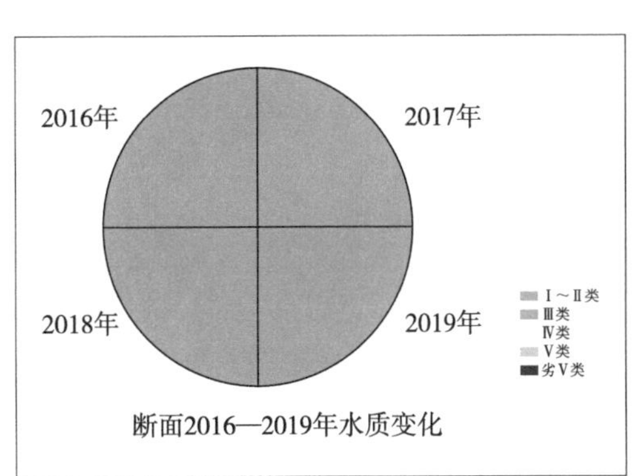

水质状况图

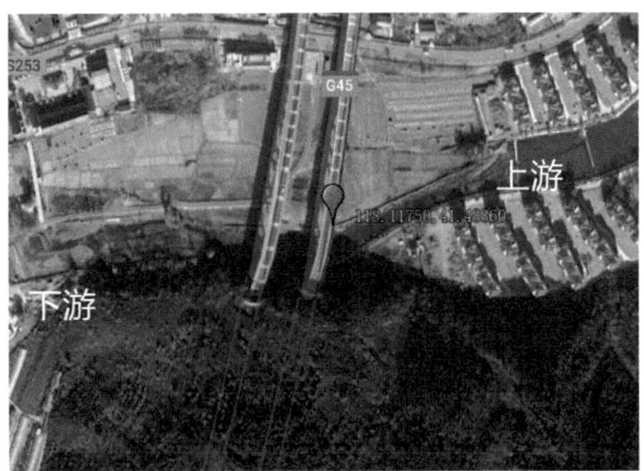

断面情况示意图

断面上游

断面下游

大杨树林

断面名称：大杨树林

断面编码：3CA10R067000_047N0

断面类型：河流

断面级别：市控

断面属性：控制断面

所属水系：滦河

所在水体：武烈河

汇入水体：滦河

所在属地：承德市隆化县

责任属地：承德市

采样方式：桥采

是否季节性河流：否

自动站建设情况：无

断面位置及经纬度：承德市承德县两家乡大杨树林村隆化县界；北纬 41.3498°，东经 118.0741°

水体描述：水深范围 0.5～8 m，河宽范围 5～10 m；冰封期 12 月—次年 2 月；无断流情况

水质状况：2016—2019 年共监测 4 年，2016—2019 年水质类别为Ⅲ类，水质状况良好

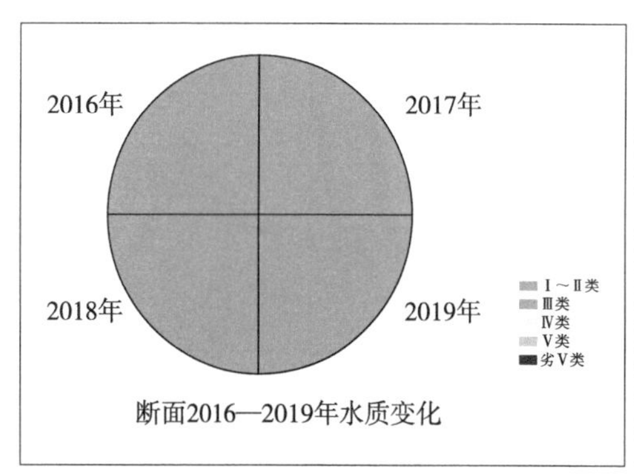

水质状况图

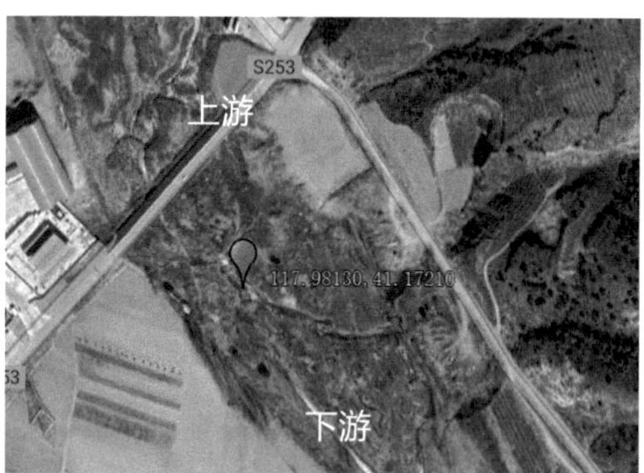

断面情况示意图

断面上游

断面下游

磷矿上游

断面名称：磷矿上游

断面编码：3CA00R067000_081N0

断面类型：河流

断面级别：国控 / 市控

断面属性：控制断面

所属水系：滦河流域

所在水体：武烈河

汇入水体：滦河

所在属地：承德市承德县

责任属地：承德市承德县

采样方式：涉水

是否季节性河流：否

自动站建设情况：无

断面位置及经纬度：承德市承德县高寺台镇高寺台村；北纬 41.1528° ，东经 117.9615°

水体描述：水深范围 0.6～1.2 m，河宽范围 3～4.5 m

水质状况：2016—2019 年共监测 4 年，2016—2019 年水质类别为Ⅲ类，水质状况良好

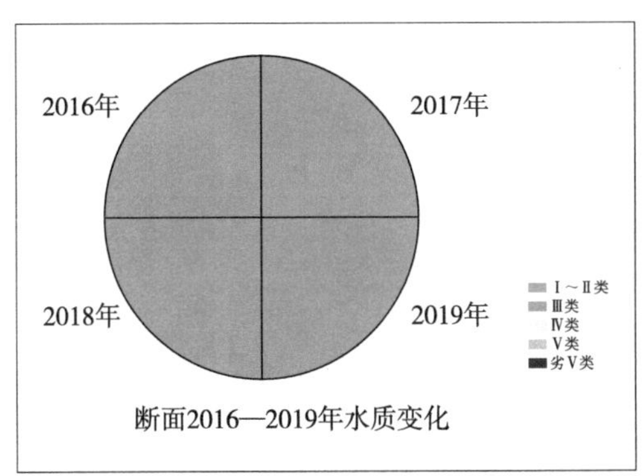

水质状况图

断面情况示意图

断面上游

断面下游

头块地

断面名称：头块地
断面编码：3CA00R067000_137N0
断面类型：河流
断面级别：河长制
断面属性：控制断面
所属水系：滦河水系
所在水体：武烈河
汇入水体：滦河
所在属地：承德市承德县
责任属地：承德市承德县
采样方式：涉水

是否季节性河流：否
自动站建设情况：无
断面位置及经纬度：承德市承德县头沟镇头块地村；北纬 41.1534°，东经 117.9842°
水体描述：水深范围 0.3～0.7 m，河宽范围 4～6 m
水质状况：2016—2019 年共监测 4 年，2016—2019 年水质类别为Ⅲ类，水质状况良好

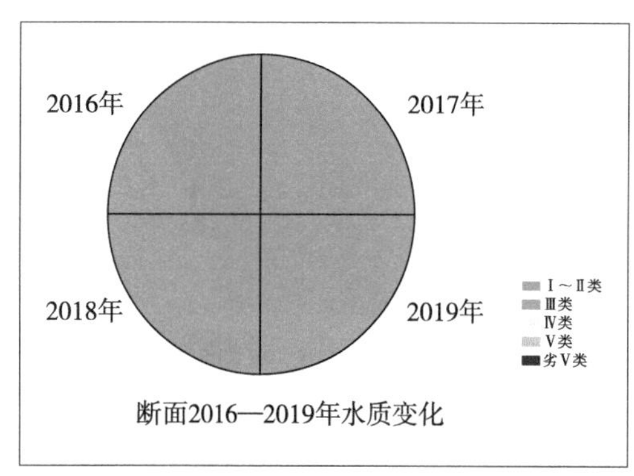

水质状况图

断面情况示意图

断面上游

断面下游

甸子

断面名称：甸子

断面编码：3CA00R067000_163N0

断面类型：河流

断面级别：生态补偿跨界断面 / 河长制

断面属性：x

所属水系：滦河流域

汇入水体：滦河

所在属地：承德市承德县

责任属地：承德市承德县

采样方式：涉水

是否季节性河流：否

自动站建设情况：无

断面位置及经纬度：承德市双桥区双峰寺镇甸子村承德县界；北纬 41.1198°，东经 117.9747°

水体描述：水深范围 0.8～1 m，河宽范围 2.8～3.2 m

水质状况：2016—2019 年共监测 4 年，2016—2019 年水质类别为Ⅲ类，水质状况良好

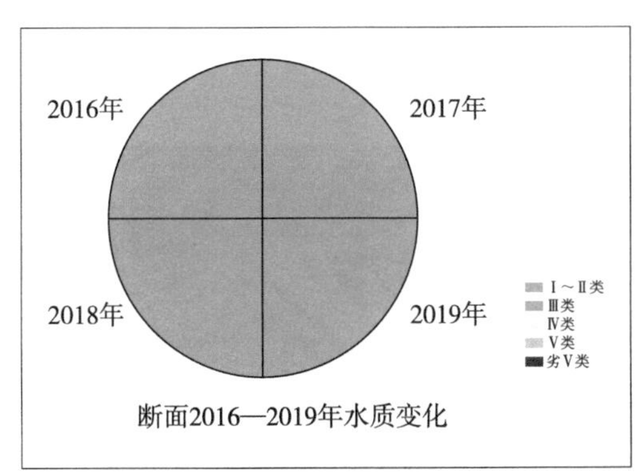

水质状况图

断面情况示意图

断面上游

断面下游

上二道河子

断面名称：上二道河子

断面编码：CA14S130800_2010A

断面类型：河流

断面级别：国控 / 省控 / 市控

断面属性：控制断面

所属水系：滦河水系

所在水体：武烈河

汇入水体：滦河

所在属地：承德市双桥区

责任属地：承德市

采样方式：桥采

是否季节性河流：否

自动站建设情况：2017 年建站

断面位置及经纬度：承德市双桥区上二道河子镇；北纬 41.0148° ，东经 117.9599°

水体描述：水深范围 0.8 ～ 1.8 m，河宽范围 20 ～ 24 m

水质状况：自 1986 年监测以来，2001—2005 年水质类别为Ⅳ类，主要污染指标为总磷，其余年份水质稳定，呈良好水平

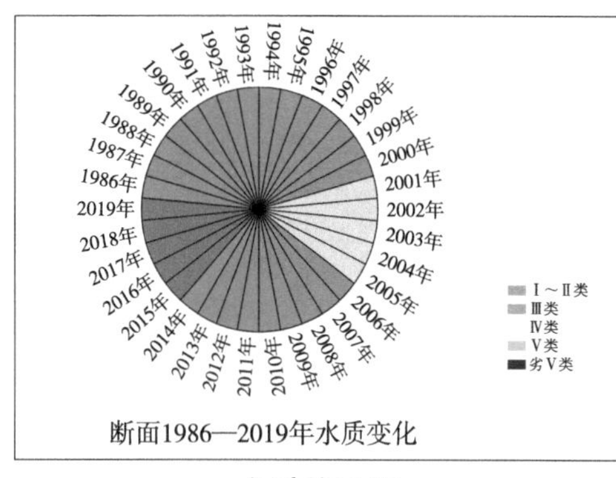

水质状况图

断面情况示意图

自动监测站

断面上游

断面下游

旅游桥

断面名称：旅游桥
断面编码：2CA00R067000_019N0
断面类型：河流
断面级别：省控 / 市控
断面属性：控制断面
所属水系：滦河水系
所在水体：武烈河
汇入水体：滦河
所在属地：承德市双桥区
责任属地：承德市
采样方式：涉水
是否季节性河流：否
自动站建设情况：无

断面位置及经纬度：承德市双桥区中心区；北纬 40.9809° ，东经 117.9510°

水体描述：水深范围 0.3～0.5 m，河宽范围 25～30 m

水质状况：1991—2000 年水质类别为Ⅲ类，2001—2005 年水质类别为Ⅳ类，2006 年水质类别为Ⅲ类，2007 年水质类别为Ⅳ类，2008—2013 年水质类别为Ⅲ类，2014 年水质类别为Ⅱ类，2015 年水质类别为Ⅲ类，2016 年水质类别为Ⅱ类，2017 年水质类别为Ⅲ类，2018—2019 年水质类别为Ⅱ类，该断面主要污染物为总磷

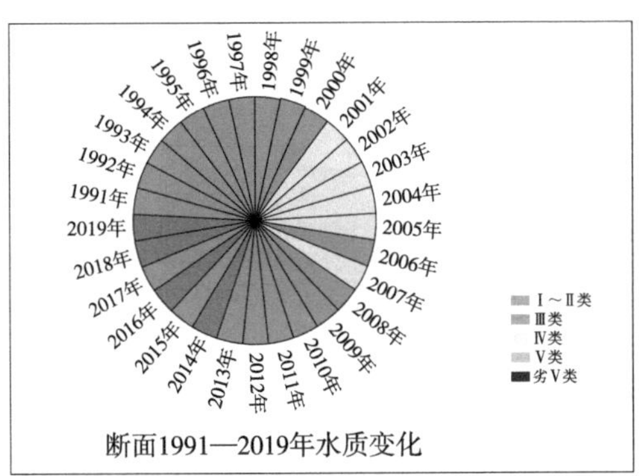

水质状况图

断面情况示意图

断面上游

雹神庙

断面名称：雹神庙

断面编码：3CA00R067000_036N0

断面类型：河流

断面级别：国控

断面属性：控制断面

所属水系：武烈河

汇入水体：滦河

所在属地：承德市双桥区

责任属地：承德市

采样方式：岸采

是否季节性河流：否

自动站建设情况：无

断面位置及经纬度：承德市双桥区雹神庙；北纬 40.9078°，东经 117.9454°

水体描述：水深范围 0.7～1 m，河宽范围 15～20 m

水质状况：2016—2019 年共监测 4 年，2016—2019 年水质类别为Ⅲ类，水质状况良好

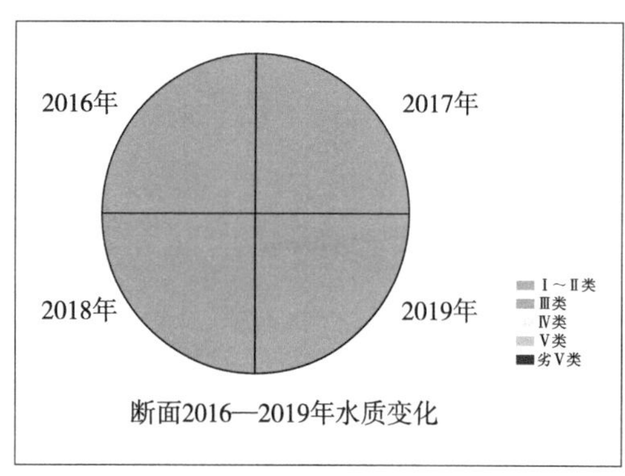

水质状况图

断面情况示意图

断面上游

断面下游

凤凰山大桥

断面名称：凤凰山大桥

断面编码：3CA00R067000_141N0

断面类型：河流

断面级别：河长制

断面属性：控制断面

所属水系：滦河流域

汇入水体：—

所在属地：承德市高新区

责任属地：承德市

采样方式：涉水

是否季节性河流：否

自动站建设情况：无

断面位置及经纬度：承德市高新区冯营子镇；北纬 40.9060°，东经 117.9440°

水体描述：水深范围 0.5～0.8 m，河宽 30～36 m；无冰封期；无断流情况

水质状况：2016—2019 年共监测 4 年，2016—2019 年水质类别为Ⅲ类，水质状况良好

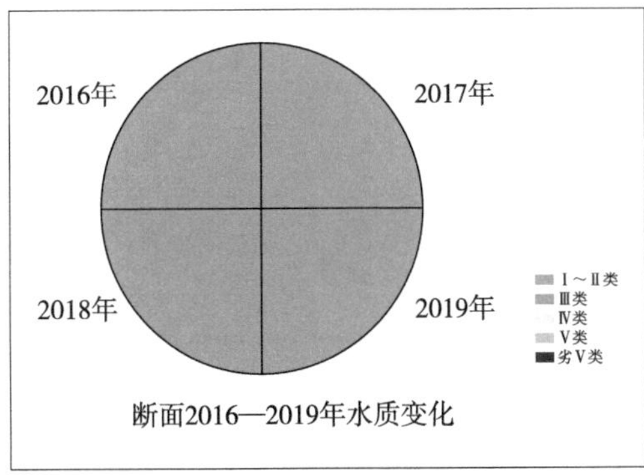

水质状况图

断面情况示意图

断面上游

断面下游

小白河南

断面名称：小白河南

断面编码：3CA00R067000_146N0

断面类型：河流

断面级别：河长制

断面属性：控制断面

所属水系：滦河水系

所在水体：白河

汇入水体：滦河

所在属地：承德市高新区

责任属地：承德市高新区

采样方式：涉水

是否季节性河流：否

自动站建设情况：无

断面位置及经纬度：承德市高新区白河南村；北纬 40.8192°，东经 118.0573°

水体描述：水深范围 0.2～0.4 m，河宽范围 3～6 m

水质状况：2016—2019 年共监测 4 年，2016—2019 年水质类别为Ⅲ类，水质状况良好

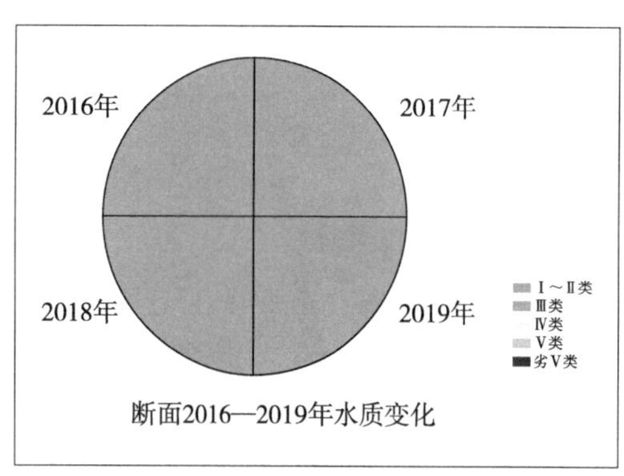

水质状况图

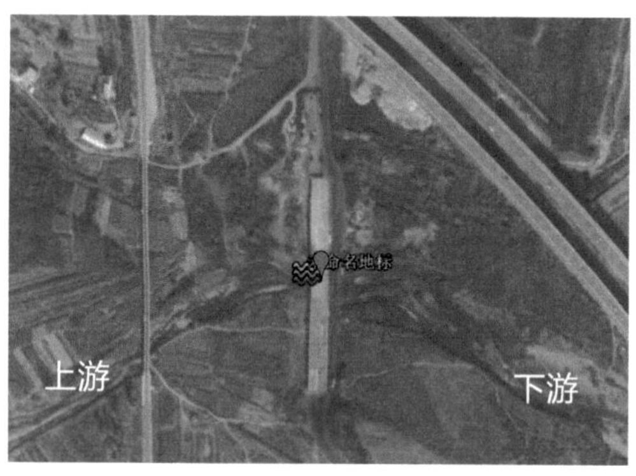

断面情况示意图

断面上游

断面下游

市污水处理厂下游

断面名称：市污水处理厂下游

断面编码：3CA00R067000_128N0

断面类型：河流

断面级别：市控 / 生态补偿跨界断面

断面属性：控制断面

所属水系：滦河流域

所在水体：滦河

汇入水体：渤海

所在属地：承德市高新区

责任属地：承德市高新区

采样方式：涉水

是否季节性河流：否

自动站建设情况：无

断面位置及经纬度：承德市高新区太平庄；北纬 40.8658°，东经 117.9861°

水体描述：水深范围 0.5～2 m，河宽范围 18～25 m

水质状况：2016—2019 年共监测 4 年，2016—2019 年水质类别为Ⅲ类，水质状况良好

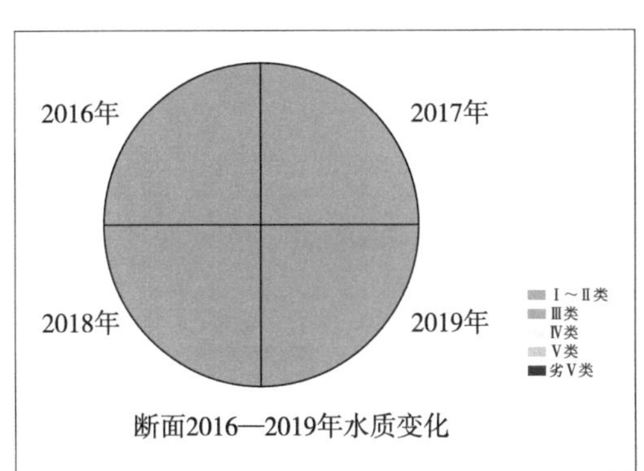

水质状况图

断面情况示意图

断面上游

断面下游

上板城大桥

断面名称：上板城大桥

断面编码：CA00S130800_2008A

断面类型：河流

断面级别：国控 / 省控 / 市控

断面属性：控制断面

所属水系：滦河水系

所在水体：滦河

汇入水体：渤海

所在属地：承德市双桥区

责任属地：承德市

采样方式：桥采

是否季节性河流：否

自动站建设情况：2017 年建站

断面位置及经纬度：承德市高新区上板城镇；北纬 40.8404°，东经 118.0661°

水体描述：水深范围 0.8～1.8 m，河宽范围 20～24 m

水质状况：自 1991 年监测以来，1991—2000 年、2014—2015 年、2017 年水质类别为Ⅳ类；2001—2013 年水质类别为劣Ⅴ类。主要污染物为高锰酸盐指数、总磷。其余年份水质呈良好水平

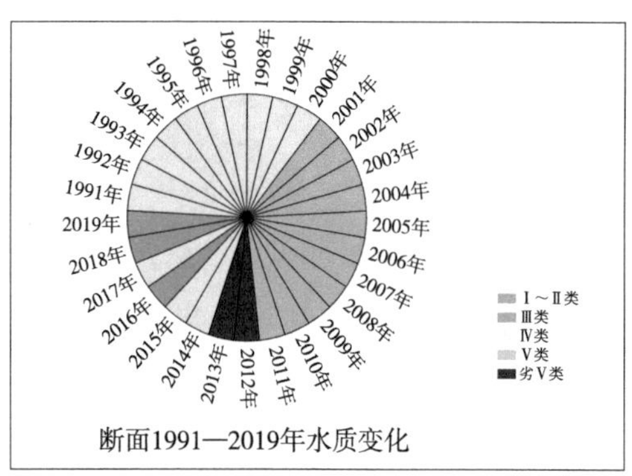

水质状况图

断面情况示意图

断面上游

断面下游

漫子沟

断面名称：漫子沟

断面编码：3CA00R067000_093N0

断面类型：河流

断面级别：生态补偿跨界断面 / 河长制

断面属性：控制断面

所属水系：滦河水系

所在水体：柳河

汇入水体：滦河

所在属地：承德市承德县

责任属地：承德市承德县

采样方式：涉水

是否季节性河流：否

自动站建设情况：无

断面位置及经纬度：承德市高新区上板城镇漫子沟村；北纬 40.8087°，东经 118.0624°

水体描述：水深范围 0.9～1.1 m，河宽范围 20～25 m

水质状况：2016—2019 年共监测 4 年，2016—2019 年水质类别为Ⅲ类，水质状况良好

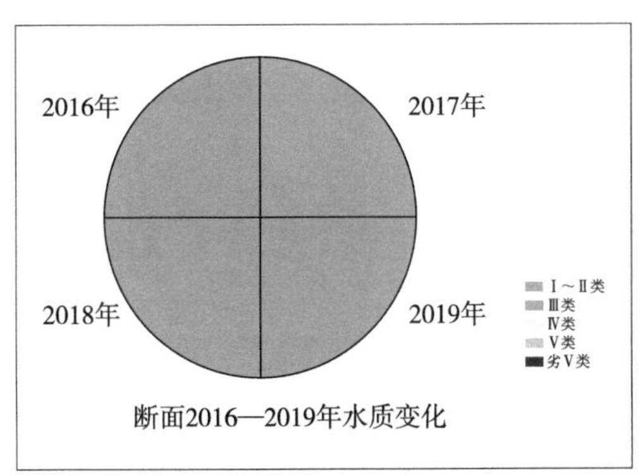

水质状况图

断面情况示意图

断面上游

断面下游

大彭杖子新桥

断面名称：大彭杖子新桥

断面编码：3CA00R067000_045N0

断面类型：河流

断面级别：市控

断面属性：控制断面

所属水系：滦河流域

汇入水体：渤海

所在属地：承德市承德县

责任属地：承德市

采样方式：涉水

是否季节性河流：否

自动站建设情况：无

断面位置及经纬度：承德市承德县八家乡彭杖子村；北纬 40.6592°，东经 118.1997°

水体描述：水深范围 1.2～1.8 m，河宽范围 25～35 m；冰封期每年的 12 月—次年的 2 月；无断流情况

水质状况：2016—2019 年共监测 4 年，2016—2019 年水质类别为Ⅲ类，水质状况良好

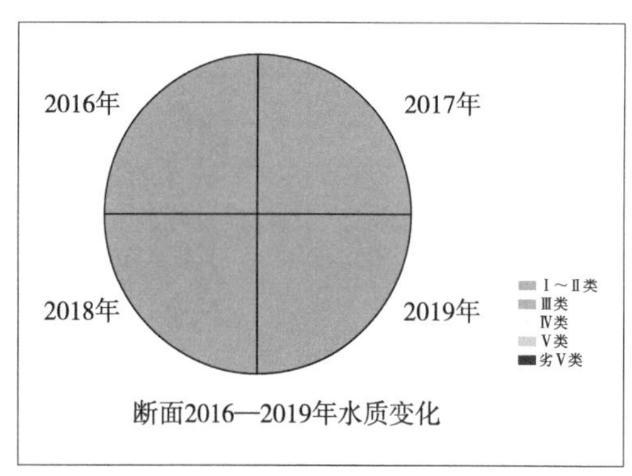

水质状况图

断面情况示意图

断面上游

断面下游

后旗杆沟门

断面名称：后旗杆沟门

断面编码：3CA00R067000_056N0

断面类型：河流

断面级别：市控

断面属性：控制断面

所属水系：滦河水系

所在水体：东山咀河

汇入水体：老牛河

所在属地：承德市承德县

责任属地：承德市承德县

采样方式：涉水

是否季节性河流：否

自动站建设情况：无

断面位置及经纬度：承德市承德县六沟镇旗杆沟村；北纬 40.9324°，东经 118.2596°

水体描述：水深范围 0.3～0.6 m，河宽范围 1.5～2 m

水质状况：2019 年新增断面，水质类别为Ⅲ类，水质状况良好

断面情况示意图

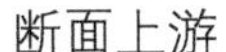

断面上游

断面下游

山湾子

断面名称：山湾子

断面编码：3CA00R067000_122N0

断面类型：河流

断面级别：市控

断面属性：控制断面

所属水系：滦河流域

所在水体：野猪河

汇入水体：老牛河

所在属地：承德市承德县

责任属地：承德市承德县

采样方式：涉水

是否季节性河流：否

自动站建设情况：无

断面位置及经纬度：承德市承德县石灰窑镇野猪河村；北纬 40.8736°，东经 118.2781°

水体描述：水深范围 0.1～0.2 m，河宽范围 1.5～2 m

水质状况：2016—2019 年共监测 4 年，2016—2019 年水质类别为Ⅲ类，水质状况良好

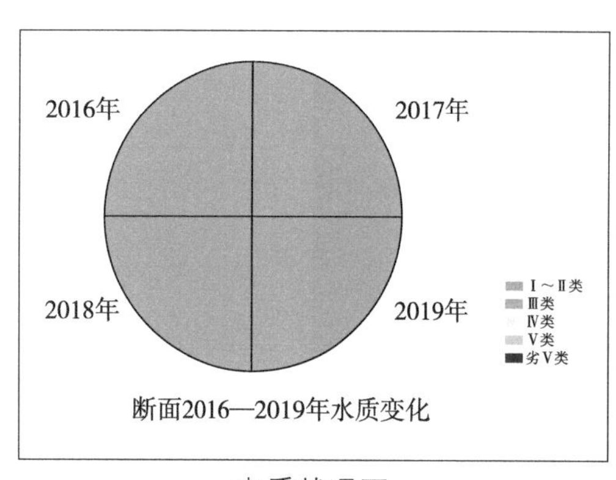

水质状况图

断面情况示意图

断面上游

断面下游

山咀村

断面名称：山咀村

断面编码：3CA00R067000_120N0

断面类型：河流

断面级别：市控

断面属性：控制断面

所属水系：滦河流域

所在水体：白马河

汇入水体：老牛河

所在属地：承德市承德县

责任属地：承德市承德县

采样方式：涉水

是否季节性河流：否

自动站建设情况：无

断面位置及经纬度：承德市承德县甲山镇山咀村；北纬 41.8090°，东经 118.2228°

水体描述：断流

水质状况：2016—2019 年共监测 4 年，2016—2019 年水质类别为Ⅲ类，水质状况良好

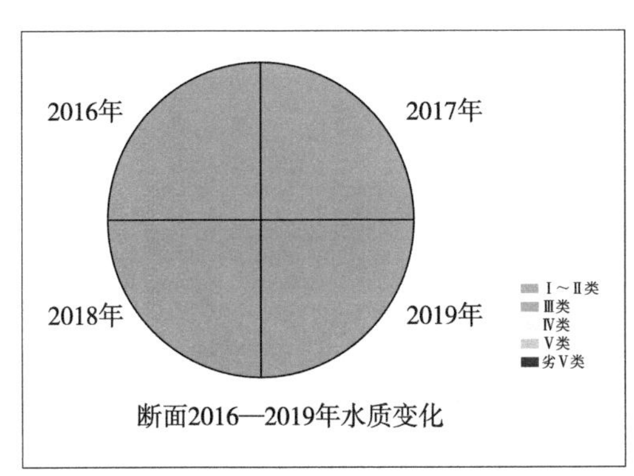

水质状况图

断面情况示意图

断面上游

断面下游

下板城

断面名称：下板城

断面编码：3CA00R067000_145N0

断面类型：河流

断面级别：市控

断面属性：控制断面

所属水系：滦河水系

所在水体：老牛河

汇入水体：滦河

所在属地：承德市承德县

责任属地：承德市承德县

采样方式：涉水

是否季节性河流：否

自动站建设情况：无

断面位置及经纬度：承德市承德县下板城镇老牛河口村；北纬 40.7720°，东经 118.1486°

水体描述：水深范围 1～1.2 m，河宽范围 6～8 m

水质状况：2016—2019 年共监测 4 年，2016—2019 年水质类别为Ⅲ类，水质状况良好

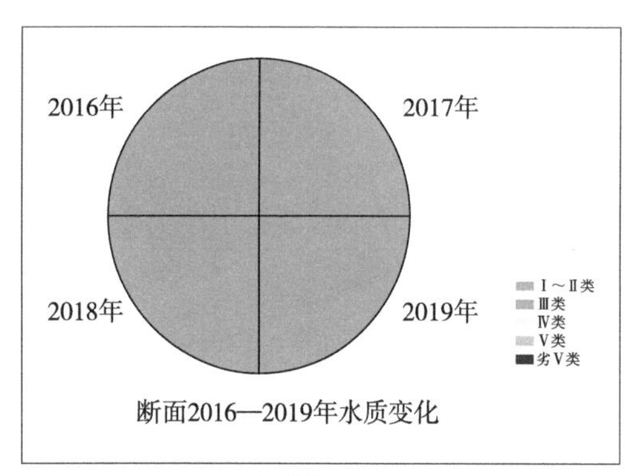

水质状况图

断面情况示意图

断面上游

断面下游

乌龙矶大桥

断面名称：乌龙矶大桥

断面编码：2CA00R067000_025N0

断面类型：河流

断面级别：省控 / 市控

断面属性：控制断面

所属水系：滦河水系

所在水体：滦河

汇入水体：渤海

所在属地：承德市承德县

责任属地：承德市

采样方式：桥采

是否季节性河流：否

自动站建设情况：无

断面位置及经纬度：承德市承德县下游乌龙矶村；北纬 40.7277°，东经 118.1414°

水体描述：水深范围 1.3～1.6 m，河宽范围 35～40 m

水质状况：自 1991 年监测以来，1991—2000 年水质类别为Ⅳ类，2001—2010 年水质类别为劣Ⅴ类，2011—2012 年水质类别为劣Ⅴ类，2013—2016 年水质类别为Ⅲ类，2017—2018 年水质类别为Ⅲ类，2019 年水质类别为Ⅲ类。该断面主要污染指标为高锰酸盐指数、石油类、氨氮、总磷

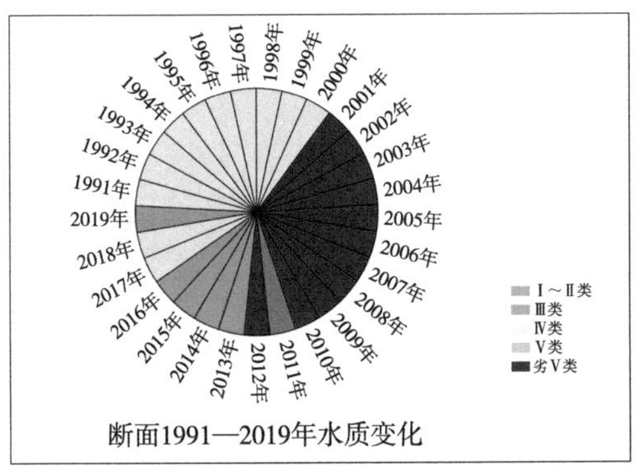

水质状况图

断面情况示意图

断面上游

断面下游

老梁沟门

断面名称：老梁沟门

断面编码：3CA10R067000_075N0

断面类型：河流

断面级别：市控 / 生态补偿跨界断面

断面属性：县界

所属水系：滦河

所在水体：暖儿河

汇入水体：滦河

所在属地：承德市承德县

责任属地：承德市承德县

采样方式：涉水

是否季节性河流：否

自动站建设情况：无

断面位置及经纬度：承德市承德县下板城镇老梁沟门村；北纬 40.6504°，东经 118.1942°

水体描述：水深范围 0.2～0.3 m，河宽范围 5～6 m

水质状况：2016—2019 年共监测 4 年，2016—2019 年水质类别为Ⅲ类，水质状况良好

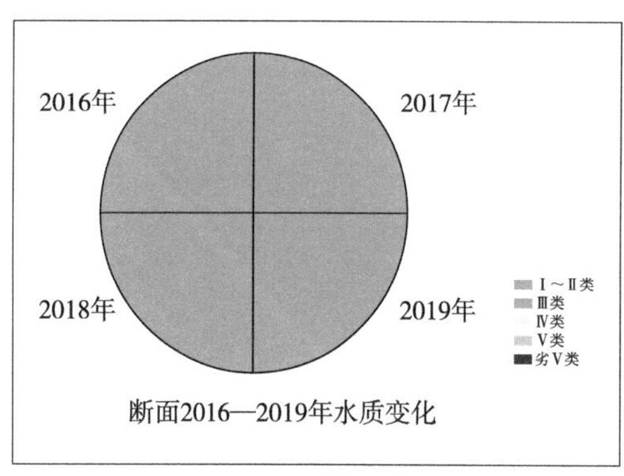

水质状况图

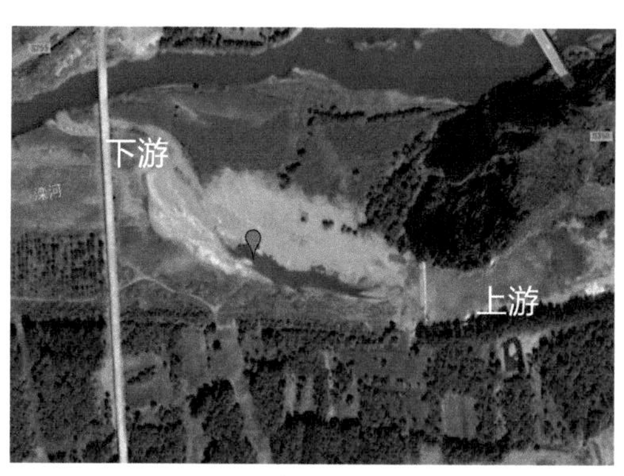

断面情况示意图

断面上游

断面下游

兴隆上游

断面名称：兴隆上游
断面编码：2CA00R067000_026N0
断面类型：河流
断面级别：省控 / 市控
断面属性：控制断面
所属水系：滦河水系
所在水体：柳河
汇入水体：滦河
所在属地：承德市兴隆县
责任属地：承德市
采样方式：桥采
是否季节性河流：否
自动站建设情况：无

断面位置及经纬度：承德市兴隆县兴隆镇红石砬村；北纬 40.3986°，东经 117.5035°

水体描述：水深范围 0.3～1 m，河宽范围 8～20 m

水质状况：自 1991 年监测以来，1991—2000 年水质类别为Ⅲ类，2001—2005 年水质类别为Ⅳ类，2006—2007 年水质类别为Ⅳ类，2008—2009 年水质类别为Ⅲ类，2010 年断流，2011—2013 年水质类别为Ⅲ类，2014—2018 年水质类别为Ⅱ类，2019 年水质类别为Ⅰ类。该断面主要污染物为石油类

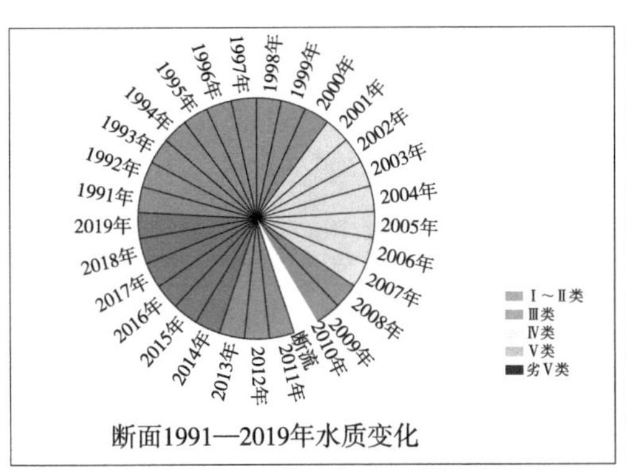

水质状况图

断面情况示意图

断面上游

断面下游

小河南

断面名称：小河南

断面编码：3CA00R067000_148N0

断面类型：河流

断面级别：河长制

断面属性：控制断面

所属水系：滦河水系

所在水体：柳河

汇入水体：滦河

所在属地：承德市兴隆县

责任属地：承德市

采样方式：桥采

是否季节性河流：否

自动站建设情况：无

断面位置及经纬度：承德市兴隆县兴隆镇小河南村；北纬 40.4693°，东经 117.5567°

水体描述：水深范围 0.2～1.5 m，河宽范围 20～50 m

水质状况：2016—2019 年共监测 4 年，2016—2019 年水质类别为Ⅲ类，水质状况良好

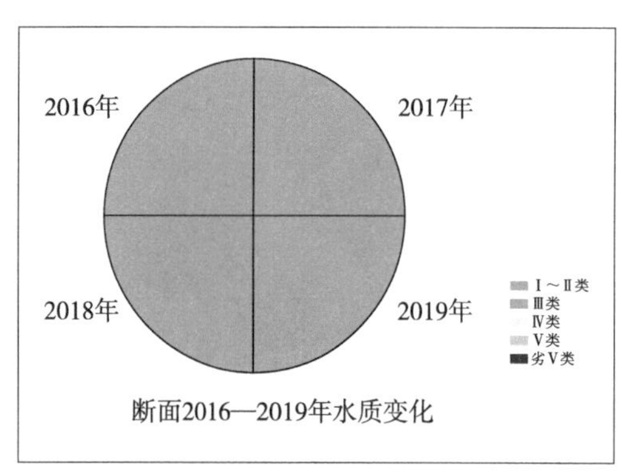

水质状况图

断面情况示意图

断面上游

断面下游

平安堡

断面名称：平安堡

断面编码：3CA00R067000_110N0

断面类型：河流

断面级别：市控 / 生态补偿跨界断面 / 河长制

断面属性：控制断面

所属水系：滦河水系

所在水体：柳河

汇入水体：滦河

所在属地：承德市兴隆县

责任属地：承德市

采样方式：桥采

是否季节性河流：否

自动站建设情况：无

断面位置及经纬度：承德市兴隆县平安堡镇平安堡村；北纬 40.5117°，东经 117.5961°

水体描述：水深范围 0.3～2 m，河宽范围 20～50 m

水质状况：2016—2019 年共监测 4 年，2016—2019 年水质类别为Ⅲ类，水质状况良好

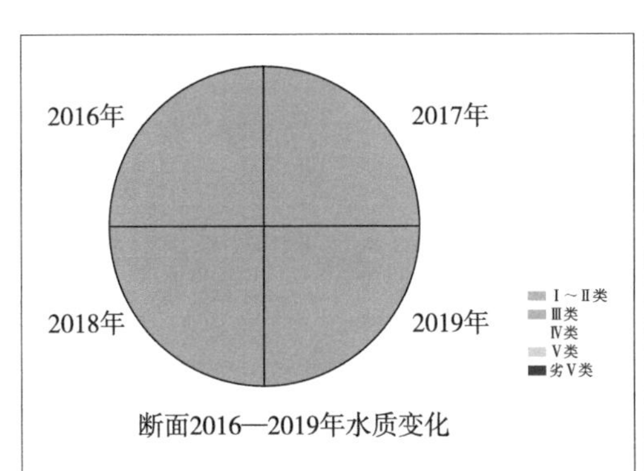

水质状况图

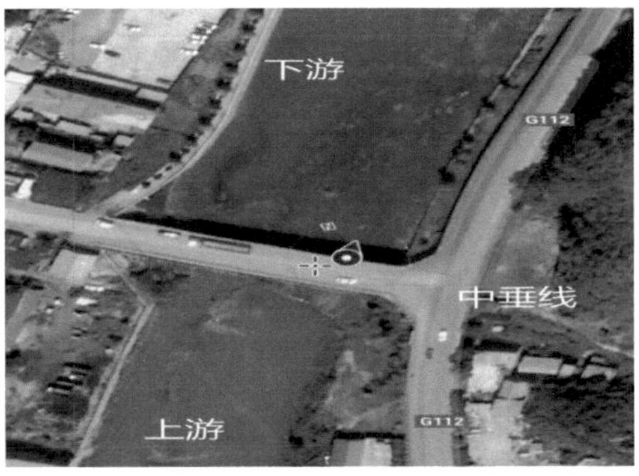

断面情况示意图

断面上游

断面下游

大跳沟

断面名称：大跳沟

断面编码：3CA10R067000_046N0

断面类型：河流

断面级别：生态补偿跨界断面；河长制

断面属性：入库河流

所在水体：柳河

所属水系：滦河水系

汇入水体：滦河

所在属地：河北省承德市营子区

责任属地：承德市

采样方式：岸采

是否季节性河流：否

自动站建设情况：无

断面位置及经纬度：承德市营子区北营房大桥；北纬 40.5679°，东经 117.6759°

水体描述：水深范围 0.2～1.0 m，河宽范围 15～25 m；冰封期 12 月—次年 2 月；无断流情况

水质状况：2016—2019 年共监测 4 年，2016—2019 年水质类别为Ⅲ类，水质状况良好

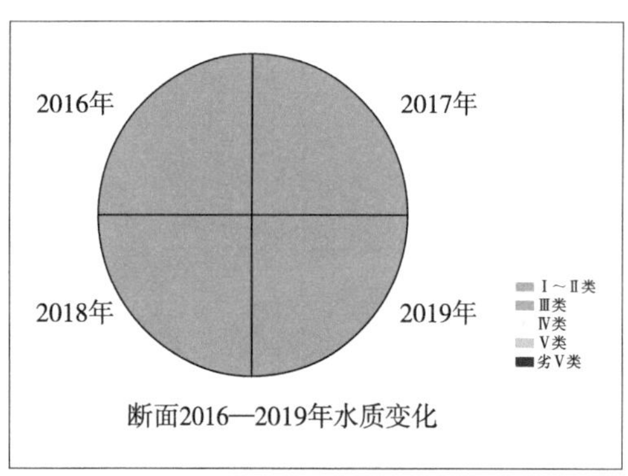

水质状况图

断面情况示意图

断面上游

断面下游

26 号桥

断面名称：26 号桥

断面编码：130800_2006

断面类型：河流

断面级别：国控 / 省控 / 市控

断面属性：控制断面

所属水系：滦河水系

所在水体：柳河

汇入水体：滦河

所在属地：承德市营子区

责任属地：承德市

采样方式：桥采

是否季节性河流：否

自动站建设情况：2017 年建站

断面位置及经纬度：承德市营子区 26 号桥上；北纬 40.5531°，东经 117.6607°

水体描述：水深范围 0.2～1 m，河宽范围 15～25 m

水质状况：自 1986 年监测以来，1986—1990 年水质类别为Ⅴ类，1991—1995 年水质类别为Ⅳ类，1996—2010 年水质类别为劣Ⅴ类，2011—2014 年水质类别为Ⅳ类，2012 年、2013 年水质类别为劣Ⅴ类，2017 年水质类别为Ⅳ类，2015 年、2016 年、2018 年、2019 年水质良好。该断面主要污染指标为高锰酸盐指数、五日生化需氧量、挥发酚、氨氮

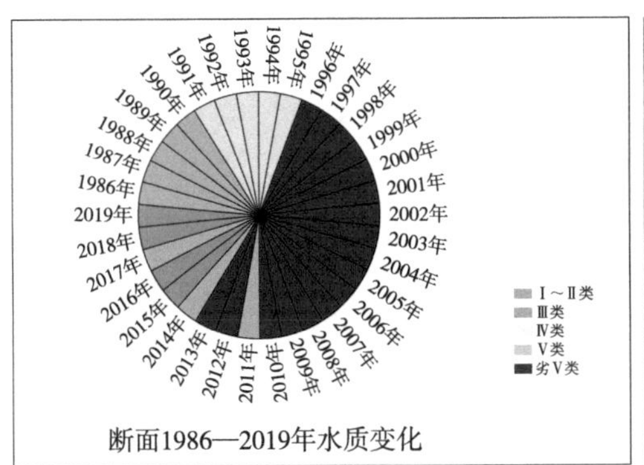

水质状况图

断面情况示意图

自动监测站

断面上游

断面下游

杨家庄

断面名称：杨家庄

断面编码：3CA00R067000_152N0

断面类型：河流

断面级别：河长制

断面属性：控制断面

所属水系：滦河水系

所在水体：柳河

汇入水体：滦河

所在属地：承德市兴隆县

责任属地：承德市

采样方式：桥采

是否季节性河流：否

自动站建设情况：无

断面位置及经纬度：承德市兴隆县李家营镇杨家庄村河西；北纬 40.5698°，东经 117.7181°

水体描述：水深范围 0.2～2 m，河宽范围 8～30 m

水质状况：2016—2019 年共监测 4 年，2016—2019 年水质类别为Ⅲ类，水质状况良好

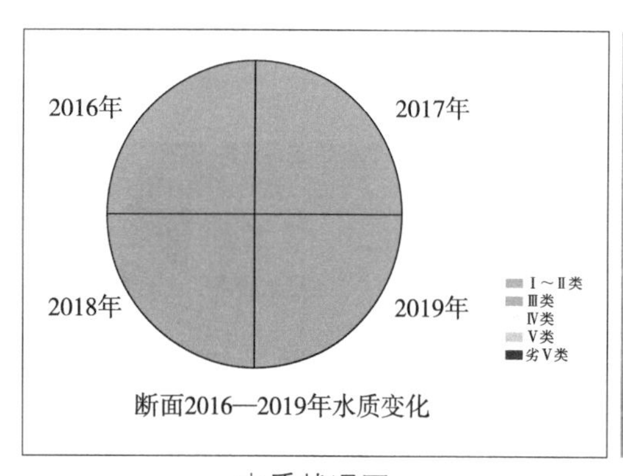

水质状况图

断面情况示意图

断面上游

断面下游

李家营

断面名称：李家营

断面编码：3CA10R067000_079N0

断面类型：河流

断面级别：生态补偿跨界断面

断面属性：县界

所属水系：滦河水系

所在水体：老牛河

汇入水体：柳河

所在属地：河北省承德市营子区

责任属地：河北省承德市营子区

采样方式：桥采

是否季节性河流：否

自动站建设情况：无

断面位置及经纬度：承德市营子区寿王坟镇李家营乡出境处；北纬 40.6009°，东经 117.7625°

水体描述：水深范围 0.3～2.0 m，河宽范围 2～5 m

水质状况：2016—2019 年共监测 4 年，2016—2019 年水质类别为Ⅲ类，水质状况良好

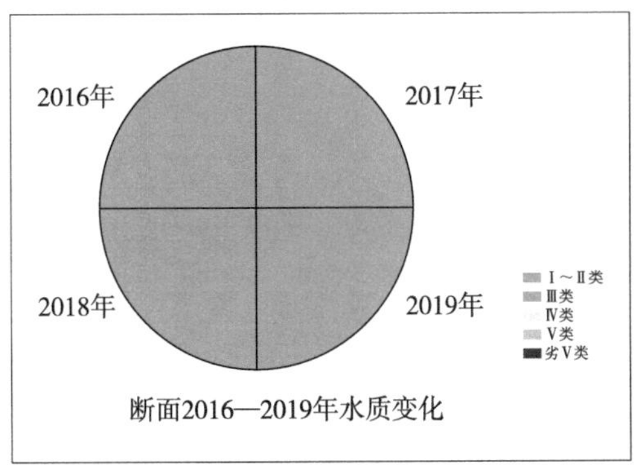

水质状况图

断面情况示意图

断面上游

断面下游

老牛河上

断面名称：老牛河上

断面编码：3CA00R067000_076N0

断面类型：河流

断面级别：河长制

断面属性：控制断面

所属水系：柳河

所在水体：老牛河

汇入水体：柳河

所在属地：承德市营子区

责任属地：承德市营子区

采样方式：桥采

是否季节性河流：否

自动站建设情况：无

断面位置及经纬度：承德市营子区寿王坟镇李家营乡出境处上游；北纬 40.6066°，东经 117.7522°

水体描述：水深范围 0.1～0.5 m，河宽范围 0.2～5 m

水质状况：2016—2019 年共监测 4 年，2016—2019 年水质类别为Ⅲ类，水质状况良好

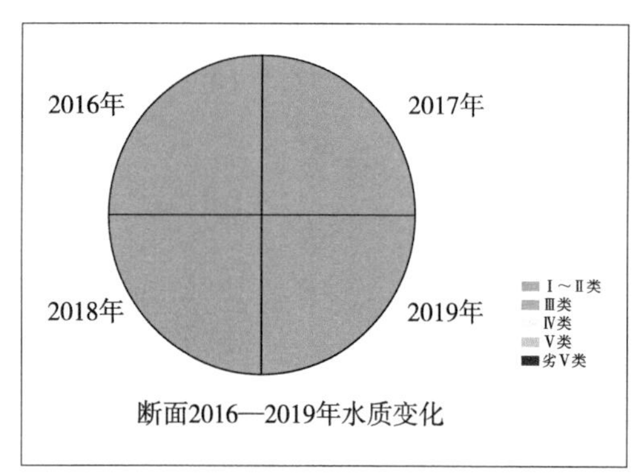

水质状况图

断面情况示意图

断面上游

断面下游

老牛河下

断面名称：老牛河下

断面编码：3CA00R067000_077N0

断面类型：河流

断面级别：河长制

断面属性：控制断面

所属水系：柳河

所在水体：老牛河

汇入水体：柳河

所在属地：承德市营子区

责任属地：承德市营子区

采样方式：桥采

是否季节性河流：否

自动站建设情况：无

断面位置及经纬度：承德市营子区寿王坟镇李家营乡出境处下游；北纬 40.6133°，东经 117.7608°

水体描述：水深范围 0.3～2.0 m，河宽范围 2～5 m

水质状况：2016—2019 年共监测 4 年，2016—2019 年水质类别为Ⅲ类，水质状况良好

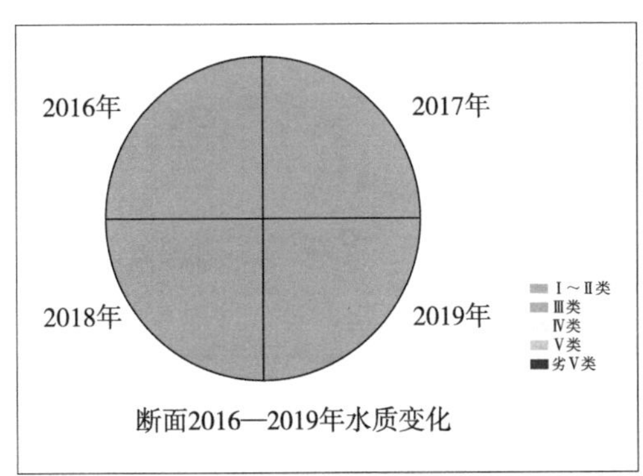

水质状况图

断面情况示意图

断面上游

断面下游

三块石

断面名称：三块石

断面编码：3CI00R067000_117N0

断面类型：河流

断面级别：市控

断面属性：控制断面

所属水系：滦河流域

所在水体：柳河

汇入水体：滦河

所在属地：承德市兴隆县

责任属地：承德市

采样方式：岸采

是否季节性河流：否

自动站建设情况：无

断面位置及经纬度：承德市兴隆县李家营镇下台子村三块石；北纬 40.6287°，东经 117.7730°

水体描述：水深范围 0.2～3 m，河宽范围 8～50 m

水质状况：2016—2019 年共监测 4 年，2016—2019 年水质类别为Ⅲ类，水质状况良好

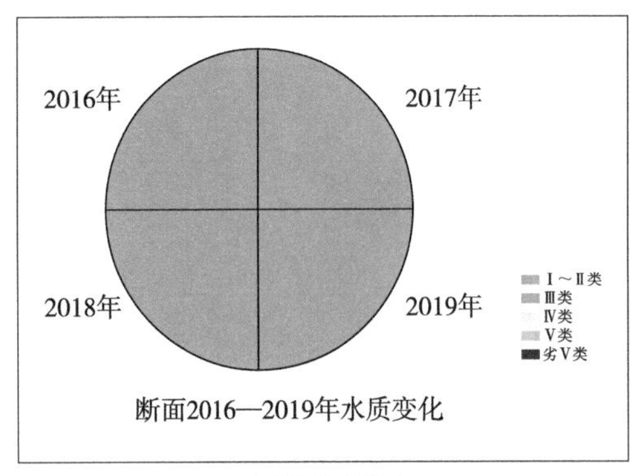

水质状况图

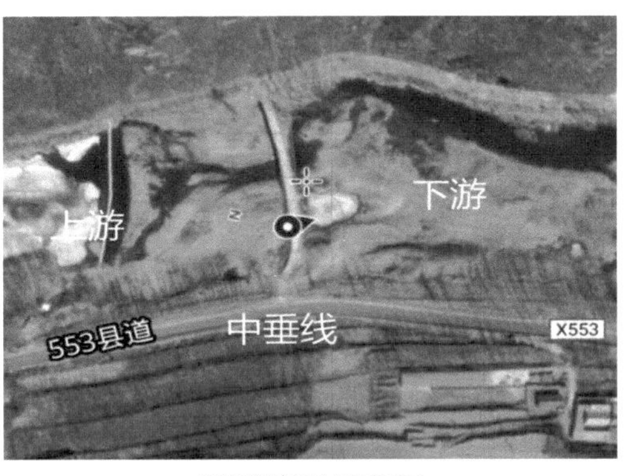

断面情况示意图

断面上游

断面下游

小邦沟

断面名称：小邦沟

断面编码：3CA00R067000_147N0

断面类型：河流

断面级别：生态补偿跨界断面 / 河长制

断面属性：控制断面

所属水系：滦河水系

所在水体：柳河

汇入水体：滦河

所在属地：承德市承德县

责任属地：承德市承德县

采样方式：涉水

是否季节性河流：否

自动站建设情况：无

断面位置及经纬度：承德市承德县营子矿区寿王坟镇李家营乡界；北纬 40.6789°，东经 117.8680°

水体描述：水深范围 3～4 m，河宽范围 20～25 m

水质状况：2016—2019 年共监测 4 年，2016—2019 年水质类别为Ⅲ类，水质状况良好

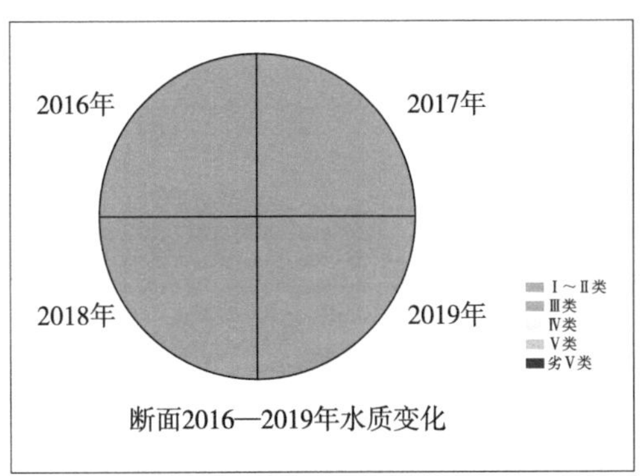

水质状况图

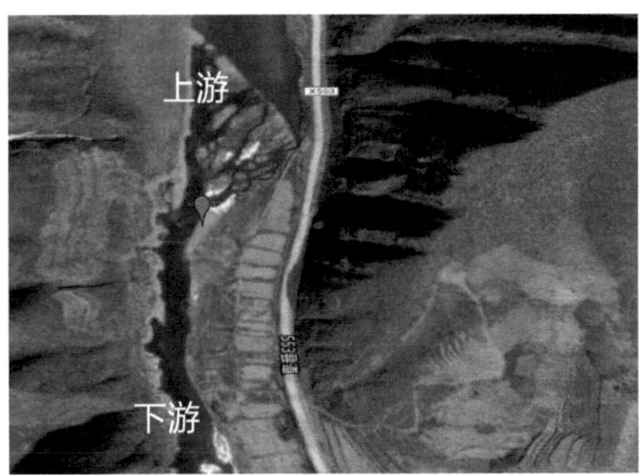

断面情况示意图

断面上游

断面下游

北营子

断面名称：北营子

断面编码：3CA00R067000_037N0

断面类型：河流

断面级别：市控

断面属性：河长制

所属水系：滦河流域

汇入水体：柳河

所在属地：承德市承德县

责任属地：承德市

采样方式：岸采

是否季节性河流：否

自动站建设情况：无

断面位置及经纬度：承德市承德县大营子乡北营子村；北纬 40.6842°，东经 117.8646°

水体描述：水深范围 1～3 m，河宽范围 10～50 m；冰封期 12 月—次年 3 月；无断流情况

水质状况：2016—2019 年共监测 4 年，2016—2019 年水质类别为Ⅲ类，水质状况良好

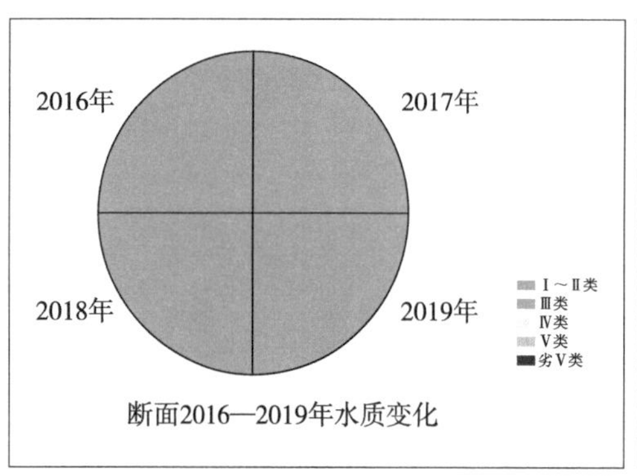

水质状况图

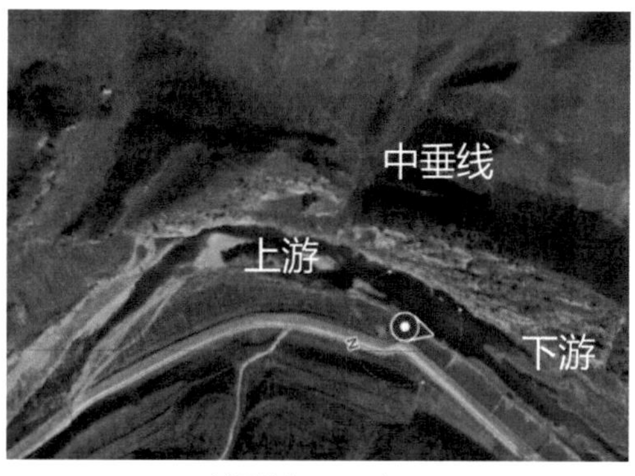

断面情况示意图

断面上游

断面下游

姜家庄

断面名称：姜家庄

断面编码：3CA10R067000_065N0

断面类型：河流

断面级别：生态补偿跨界断面 / 河长制

断面属性：县界

所属水系：滦河水系

所在水体：柳河

汇入水体：滦河

所在属地：承德市承德县

责任属地：承德市承德县

采样方式：桥采

是否季节性河流：否

自动站建设情况：无

断面位置及经纬度：承德市兴隆县大杖子镇姜家庄村承德县界；北纬 40.6632°，东经 118.0275°

水体描述：水深范围 0.5 ～ 0.6 m，河宽范围 20 ～ 26 m

水质状况：2016—2019 年共监测 4 年，2016—2019 年水质类别为Ⅲ类，水质状况良好

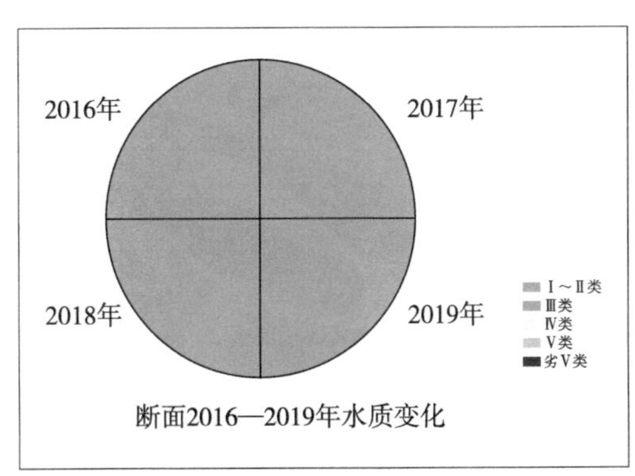

水质状况图

断面情况示意图

断面上游

断面下游

羊胡哨

断面名称：羊胡哨

断面编码：3CA00R067000_150N0

断面类型：河流

断面级别：市控

断面属性：控制断面

所属水系：滦河水系

所在水体：柳河

汇入水体：滦河

所在属地：承德市承德县

责任属地：承德市

采样方式：岸采

是否季节性河流：否

自动站建设情况：无

断面位置及经纬度：承德市承德县大营子乡幸福村；北纬 40.6631°，东经 118.0204°

水体描述：水深范围 0.2～0.5 m，河宽范围 10～45 m

水质状况：2016—2019 年共监测 4 年，2016—2019 年水质类别为Ⅲ类，水质状况良好

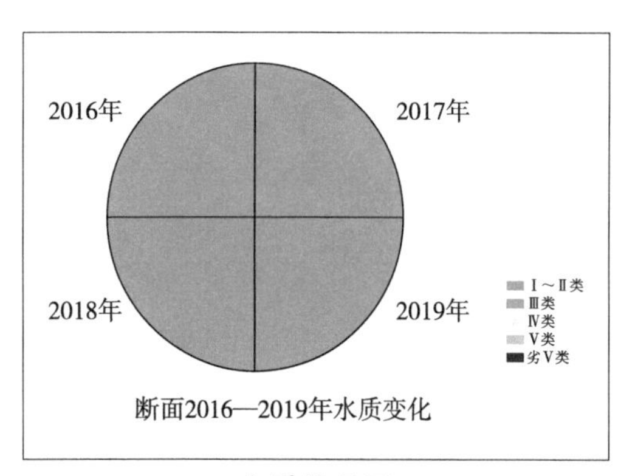

水质状况图

断面情况示意图

断面上游

断面下游

柳河口

断面名称：柳河口

断面编码：3CA00R067000_082N0

断面类型：河流

断面级别：河长制

断面属性：控制断面

所属水系：滦河水系

所在水体：柳河

汇入水体：滦河

所在属地：承德市兴隆县

责任属地：承德市兴隆县

采样方式：桥采

是否季节性河流：否

自动站建设情况：无

断面位置及经纬度：承德市兴隆县大杖子镇车河口村；北纬 40.6082°，东经 118.1757°

水体描述：水深范围 0.5～4 m，河宽范围 20～50 m

水质状况：2016—2019 年共监测 4 年，2016—2019 年水质类别为Ⅲ类，水质状况良好

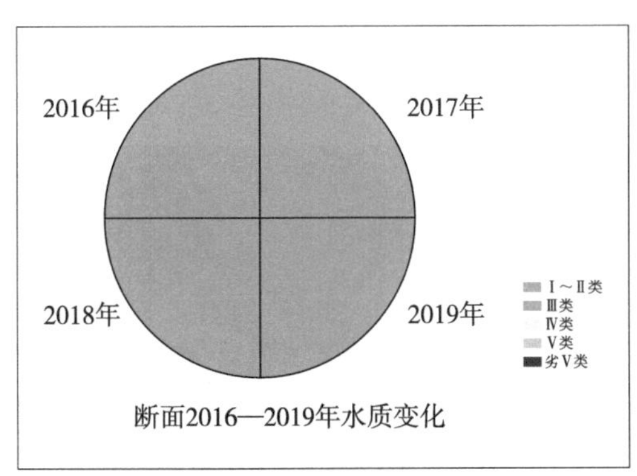

水质状况图

断面情况示意图

断面上游

断面下游

大杖子二

断面名称：大杖子二

断面编码：CA14S130800_0004A

断面类型：河流

断面级别：国控 / 省控 / 市控

断面属性：控制断面

所属水系：滦河水系

所在水体：柳河

汇入水体：滦河

所在属地：承德市兴隆县

责任属地：承德市

采样方式：涉水

是否季节性河流：否

自动站建设情况：2017 年建站

断面位置及经纬度：承德市兴隆县大杖子镇车河口村；北纬 40.6354°，东经 118.1414°

水体描述：水深范围 0.3～1 m，河宽范围 8～10 m

水质状况：自 1986 年监测以来，2001—2005 年水质类别为Ⅳ类，主要污染物为高锰酸盐指数，其余年份水质均呈良好以上水平

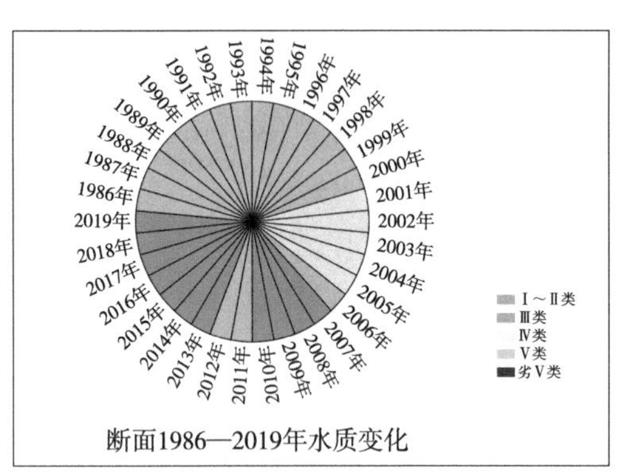

水质状况图

断面情况示意图

自动监测站

断面上游

断面下游

大杖子一

断面名称：大杖子一
断面编码：CA00S130800_0005A
断面类型：河流
断面级别：国控 / 省控 / 市控
断面属性：县界
所属水系：滦河水系
所在水体：滦河
汇入水体：渤海
所在属地：承德市兴隆县
责任属地：承德市
采样方式：涉水采样
是否季节性河流：否
自动站建设情况：2017 年建站

断面位置及经纬度：承德市兴隆县大杖子镇；北纬：40.5822°，东经：118.1631°

水体描述：水深范围 1.0～1.2 m，河宽范围 45～48 m；冰封期 12 月—次年 2 月

水质状况：自 1986 年监测以来，1996—2000 年水质类别为Ⅳ类，主要污染物为石油类、高锰酸盐指数、氨氮、五日生化需氧量。2001—2005 年水质类别为Ⅴ类，主要污染指标为石油类、高锰酸盐指数、氨氮。2011 年、2012 年水质类别为Ⅳ类，主要污染物为氨氮。其余年份水质稳定，呈良好水平

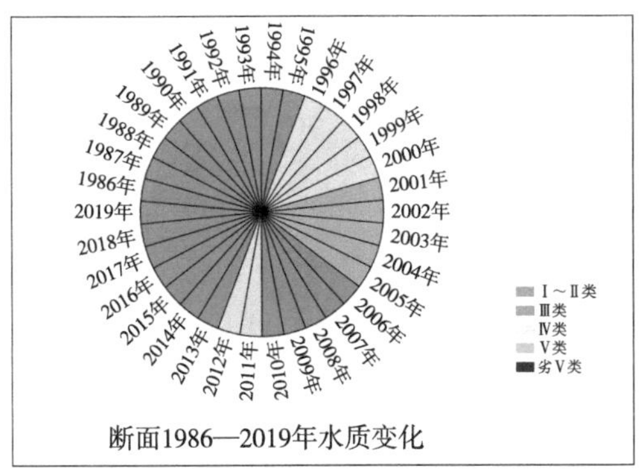

水质状况图

断面情况示意图

自动监测站

断面上游

断面下游

八家大桥

断面名称：八家大桥

断面编码：3CA00R067000_032N0

断面类型：河流

断面级别：河长制

断面属性：控制断面

所属水系：滦河水系

所在水体：瀑河

汇入水体：滦河

所在属地：承德市平泉市

责任属地：承德市

采样方式：涉水

是否季节性河流：否

自动站建设情况：无

断面位置及经纬度：承德市平泉市平泉镇；北纬 41.0529°，东经 118.7220°

水体描述：水深范围 0.1～0.2 m，河宽范围 0.5～1 m

水质状况：2016—2019 年共监测 4 年，2016—2019 年水质类别为Ⅲ类，水质状况良好

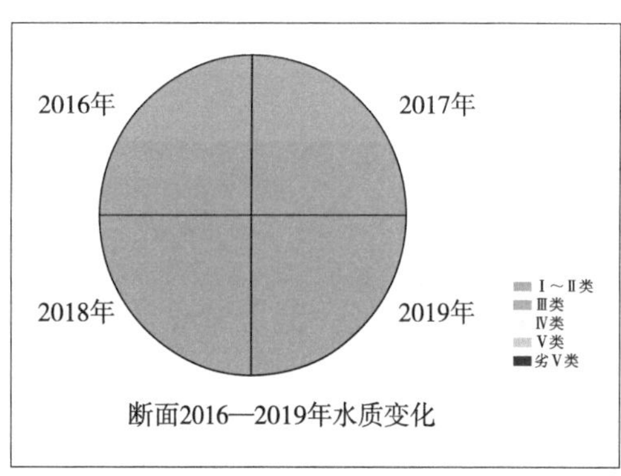

水质状况图

断面情况示意图

断面上游

断面下游

平泉上游

断面名称：平泉上游

断面编码：2CA00R067000_022N0

断面类型：河流

断面级别：省控 / 市控

断面属性：控制断面

所属水系：滦河水系

所在水体：瀑河

汇入水体：滦河

所在属地：承德市平泉市

责任属地：承德市

采样方式：涉水

是否季节性河流：否

自动站建设情况：无

断面位置及经纬度：承德市平泉市平泉镇上游；北纬 41.0405°，东经 118.7342°

水体描述：水深范围 0.1～0.2m，河宽范围 0.2～0.5m

水质状况：1991—2000 年水质类别为Ⅲ类，2001—2005 年为Ⅳ类，2006 年水质类别为Ⅲ类，2007 年水质类别为Ⅳ类，2008 年水质类别为Ⅲ类，2009—2016 年断流，2017—2019 年水质类别为Ⅱ类。该断面主要污染指标为阴离子、石油类，氨氮

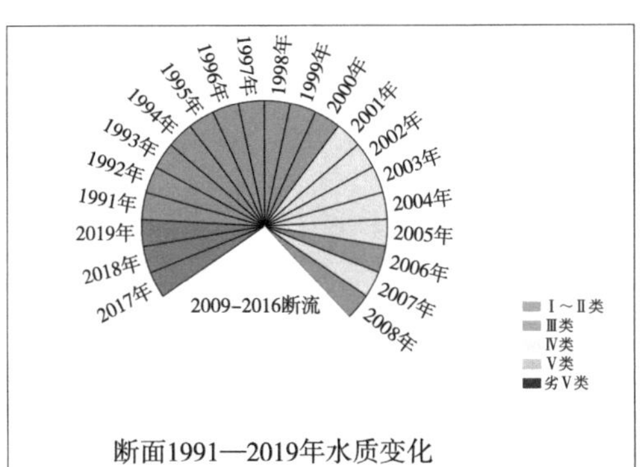

水质状况图

断面情况示意图

断面上游

断面下游

瀑河沿

断面名称：瀑河沿

断面编码：3CA00R067000_112N0

断面类型：河流

断面级别：河长制

断面属性：控制断面

所属水系：滦河水系

所在水体：瀑河

汇入水体：滦河

所在属地：承德市平泉市

责任属地：承德市平泉市

采样方式：涉水

是否季节性河流：否

自动站建设情况：无

断面位置及经纬度：承德市平泉市平泉镇南五十家子镇界；北纬 40.9262°，东经 118.6480°

水体描述：水深范围 0.1～0.4 m，河宽范围 2～4 m

水质状况：2016—2019 年共监测 4 年，2016—2019 年水质类别为Ⅲ类，水质状况良好

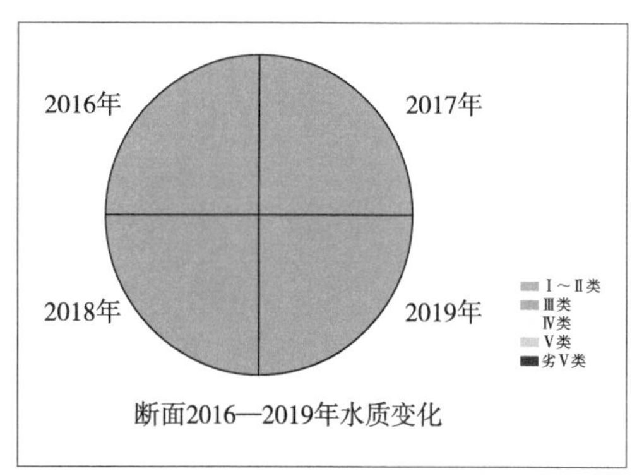

水质状况图

断面情况示意图

断面上游

断面下游

黑山口路口桥

断面名称：黑山口路口桥

断面编码：3CA00R067000_052N0

断面类型：河流

断面级别：河长制

断面属性：控制断面

所属水系：滦河水系

所在水体：瀑河

汇入水体：渤海

所在属地：承德市平泉市

责任属地：承德市平泉市

采样方式：岸采

是否季节性河流：否

自动站建设情况：无

断面位置及经纬度：承德市平泉市黑山口村；北纬 40.9030°，东经 118.6557°

水体描述：水深范围 0.2～0.4 m，河宽范围 1.5～4 m

水质状况：2016—2019 年共监测 4 年，2016—2019 年水质类别为Ⅲ类，水质状况良好

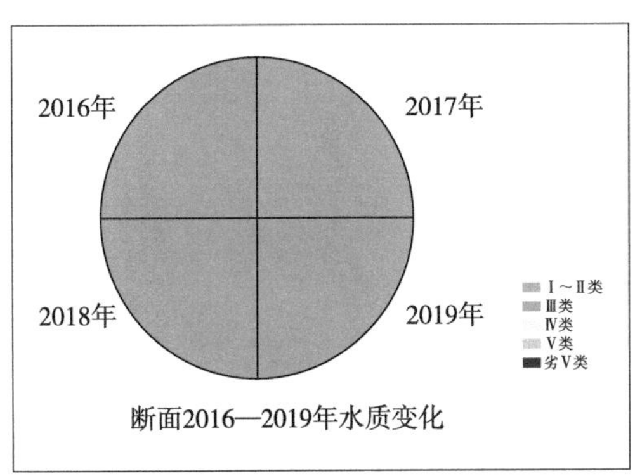

水质状况图

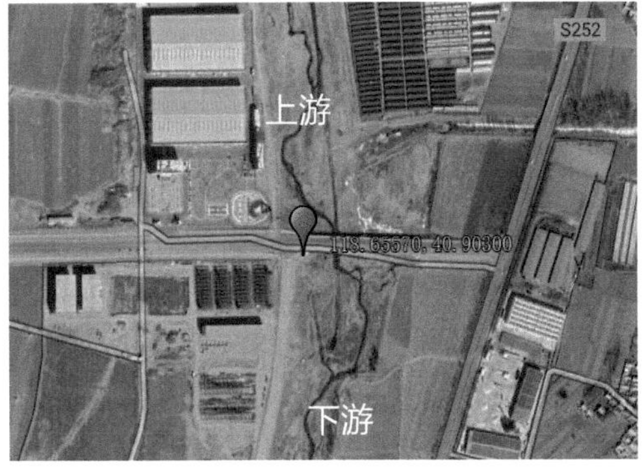

断面情况示意图

断面上游

断面下游

南三家村

断面名称：南三家村

断面编码：3CA00R067000_105N0

断面类型：河流

断面级别：河长制

断面属性：控制断面

所属水系：滦河水系

所在水体：瀑河

汇入水体：滦河

所在属地：承德市平泉市

责任属地：承德市平泉市

采样方式：涉水

是否季节性河流：否

自动站建设情况：无

断面位置及经纬度：承德市平泉市小寺沟镇南三家村；北纬 40.8298°，东经 118.6422°

水体描述：水深范围 0.2～0.5 m，河宽范围 3～5 m

水质状况：2016—2019 年共监测 4 年，2016—2019 年水质类别为Ⅲ类，水质状况良好

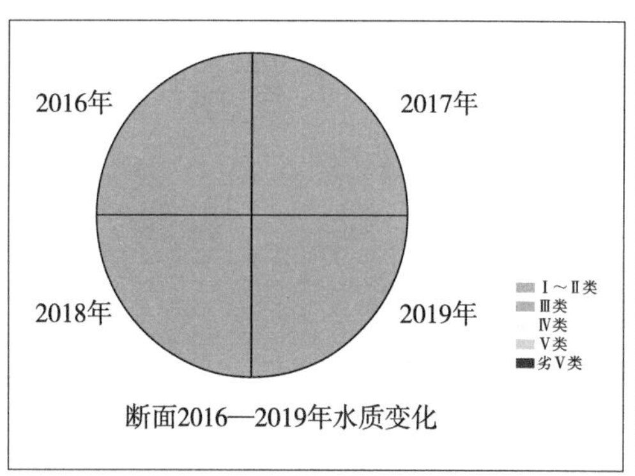

水质状况图

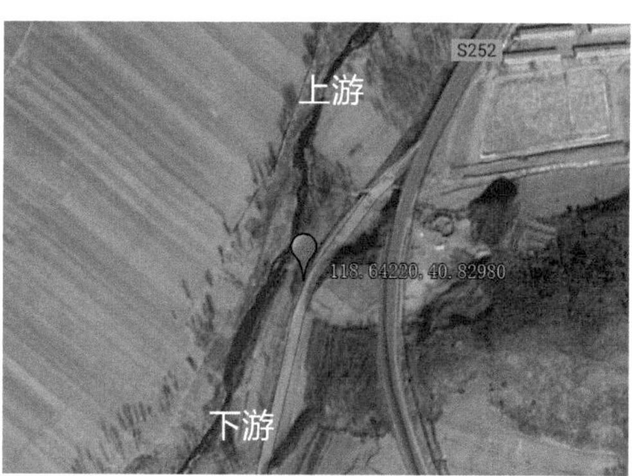

断面情况示意图

断面上游

断面下游

骆驼厂

断面名称：骆驼厂

断面编码：3CA00R067000_091N0

断面类型：河流

断面级别：生态补偿跨界断面、河长制

断面属性：控制断面

所属水系：滦河水系

所在水体：瀑河

汇入水体：滦河

所在属地：承德市宽城满族自治县

责任属地：承德市宽城满族自治县

采样方式：涉水

是否季节性河流：否

自动站建设情况：无

断面位置及经纬度：承德市宽城满族自治县龙须门镇骆驼厂村；北纬 40.6494°，东经 118.5324°

水体描述：水深 0.5 m，河宽 3 m

水质状况：2016—2019 年共监测 4 年，2016—2019 年水质类别为Ⅲ类，水质状况良好

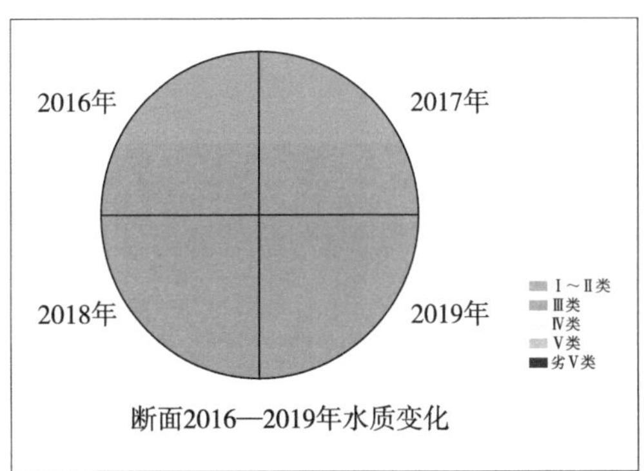

水质状况图

断面情况示意图

断面上游

断面下游

党坝

断面名称：党坝

断面编码：CA00S130800_2009A

断面类型：河流

断面级别：国控 / 省控 / 市控

断面属性：控制断面

所属水系：滦河水系

所在水体：瀑河

汇入水体：滦河

所在属地：承德市平泉市

责任属地：承德市

采样方式：涉水

是否季节性河流：否

自动站建设情况：2017 年建站

断面位置及经纬度：承德市平泉市党坝镇暖泉二号桥；北纬 40.7306°，东经 118.5986°

水体描述：水深范围 0.2～0.7 m，河宽范围 5～8 m

水质状况：自 1991 年监测以来，1991—2000 年水质类别为Ⅳ类，主要污染指标为五日生化需氧量、氨氮、高锰酸盐指数。2001—2009 年水质类别为劣Ⅴ类，主要污染物为氨氮、高锰酸盐指数；2014 年水质类别为Ⅳ类，主要污染物为高锰酸盐指数。其余年份水质状况稳定，呈良好水平

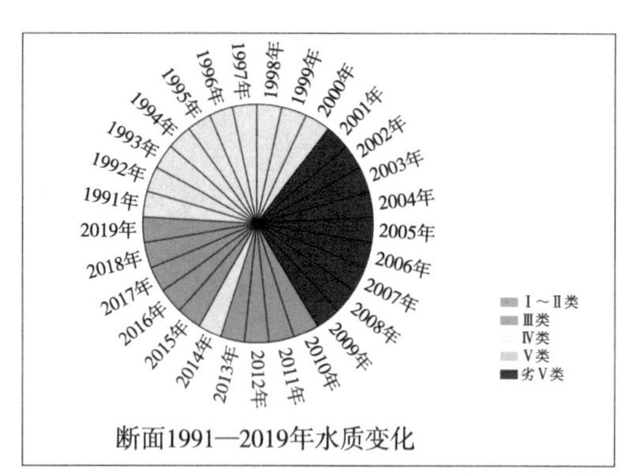

水质状况图

断面情况示意图

自动监测站

断面上游

断面下游

骆驼厂（二）

断面名称：骆驼厂（二）
断面编码：3CA00R067000_090N0
断面类型：河流
断面级别：河长制
断面属性：控制断面
所属水系：滦河水系
所在水体：瀑河
汇入水体：滦河
所在属地：承德市宽城满族自治县
责任属地：承德市宽城满族自治县

采样方式：涉水
是否季节性河流：否
自动站建设情况：无
断面位置及经纬度：承德市宽城满族自治县；北纬 40.6287° ，东经 118.5203°
水体描述：水深范围 0.1～0.2 m，河宽范围 1～2 m
水质状况：2016—2019 年共监测 4 年，2016—2019 年水质类别为Ⅲ类，水质状况良好

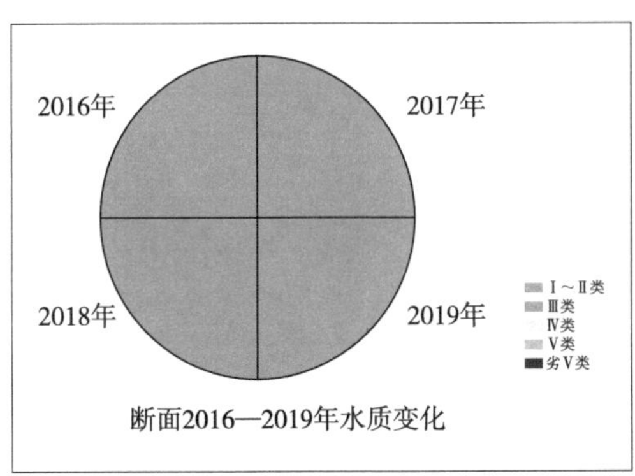

水质状况图

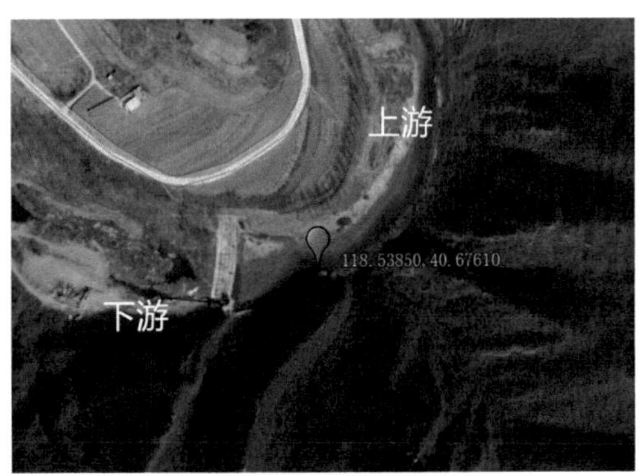

断面情况示意图

断面上游

断面下游

偏山子

断面名称：偏山子

断面编码：3CA00R067000_109N0

断面类型：河流

断面级别：河长制

断面属性：控制断面

所属水系：滦河

所在水体：瀑河

汇入水体：滦河

所在属地：承德市宽城满族自治县

责任属地：承德市宽城满族自治县

采样方式：涉水

是否季节性河流：否

自动站建设情况：无

断面位置及经纬度：承德市宽城满族自治县龙须门镇药王庙村；北纬 40.6287°，东经 118.5203°

水体描述：水深范围 0.4～0.6 m，河宽范围 10～12 m

水质状况：2016—2019 年共监测 4 年，2016—2019 年水质类别为Ⅲ类，水质状况良好

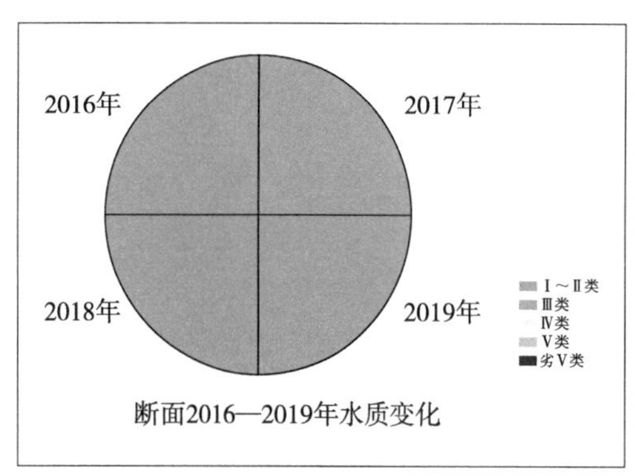

水质状况图

断面情况示意图

断面上游

断面下游

西冰窖

断面名称：西冰窖

断面编码：3CA00R067000_142N0

断面类型：河流

断面级别：河长制

断面属性：控制断面

所属水系：滦河水系

所在水体：瀑河

汇入水体：滦河

所在属地：承德市宽城满族自治县

责任属地：承德市宽城满族自治县

采样方式：桥采

是否季节性河流：否

自动站建设情况：无

断面位置及经纬度：承德市宽城满族自治县宽城镇西冰窖村；北纬 40.5875°，东经 118.4333°

水体描述：水深范围 0.2～0.5 m，河宽范围 10～12 m

水质状况：2016—2019 年共监测 4 年，2016—2019 年水质类别为Ⅲ类，水质状况良好

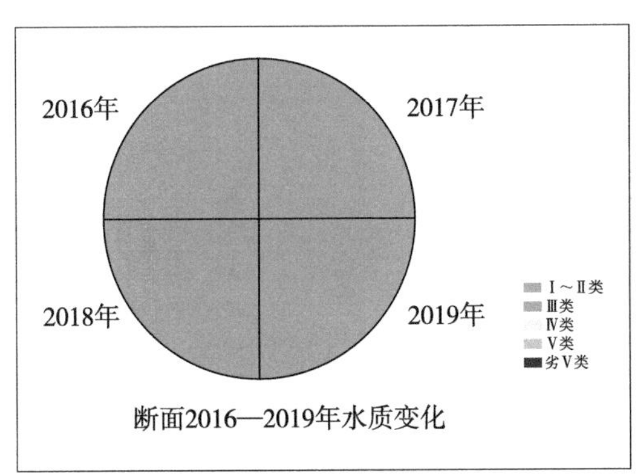

水质状况图

断面情况示意图

断面上游

断面下游

老孙家

断面名称：老孙家

断面编码：3CA00R067000_078N0

断面类型：河流

断面级别：河长制

断面属性：控制断面

所属水系：滦河水系

所在水体：瀑河

汇入水体：滦河

所在属地：承德市宽城满族自治县

责任属地：承德市宽城满族自治县

采样方式：桥采

是否季节性河流：否

自动站建设情况：无

断面位置及经纬度：承德市宽城满族自治县化皮溜子镇北杖子村；北纬 40.5748°，东经 118.3460°

水体描述：水深范围 0.4～0.5 m，河宽范围 15～20 m

水质状况：2016—2019 年共监测 4 年，2016—2019 年水质类别为Ⅲ类，水质状况良好

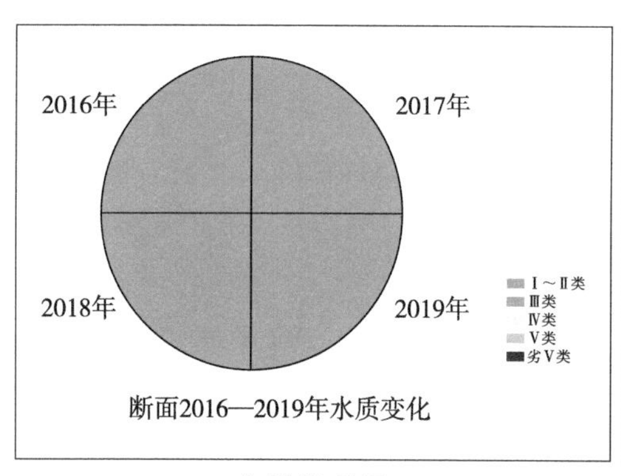

水质状况图

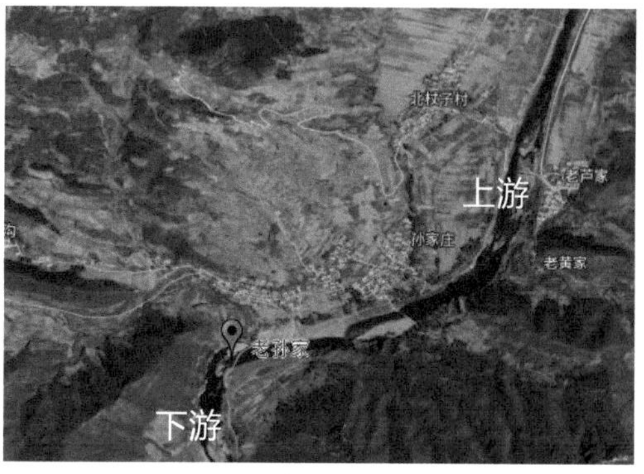

断面情况示意图

断面上游

断面下游

后杨树湾

断面名称：后杨树湾

断面编码：2CA00R067000_018N0

断面类型：河流

断面级别：省控 / 市控

断面属性：控制断面

所属水系：滦河水系

所在水体：瀑河

汇入水体：滦河

所在属地：承德市宽城县

责任属地：承德市

采样方式：桥采

是否季节性河流：否

自动站建设情况：无

断面位置及经纬度：承德市宽城县宽城镇下河西村；北纬 40.6032°，东经 118.4629°

水体描述：水深范围 0.2～0.5 m，河宽范围 10～12 m

水质状况：1996—2019 年共监测 24 年，2001—2006 年水质类别为劣Ⅴ类，2007—2009 年水质类别为Ⅴ类，2010 年水质类别为Ⅳ类；主要污染指标为石油类、阴离子、氨氮。其余年份水质类别良好

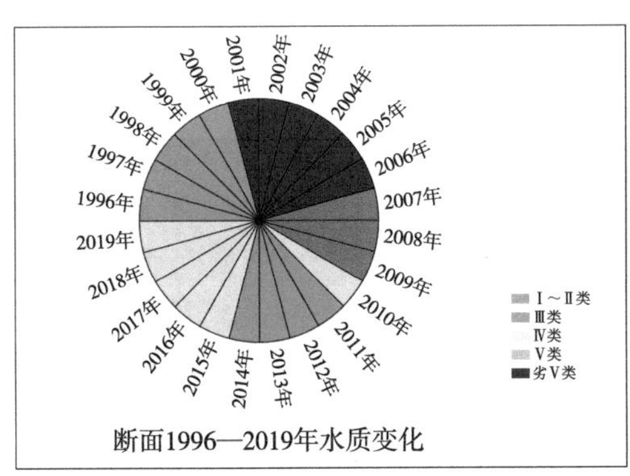

水质状况图

断面情况示意图

断面上游

断面下游

大桑园

断面名称：大桑园

断面编码：CA15S130800_0001A

断面类型：河流

断面级别：国控 / 省控 / 市控

断面属性：控制断面

所属水系：滦河水系

所在水体：瀑河

汇入水体：滦河

所在属地：承德市宽城县

责任属地：承德市

采样方式：涉水

是否季节性河流：否

自动站建设情况：2017 年建站

断面位置及经纬度：承德市宽城满族自治县孟子岭乡大桑园村；北纬 40.5546°，东经 118.3793°

水体描述：水深范围 0.5～0.7 m，河宽范围 15～20 m

水质状况：2016—2019 年共监测 4 年，水质状况良好

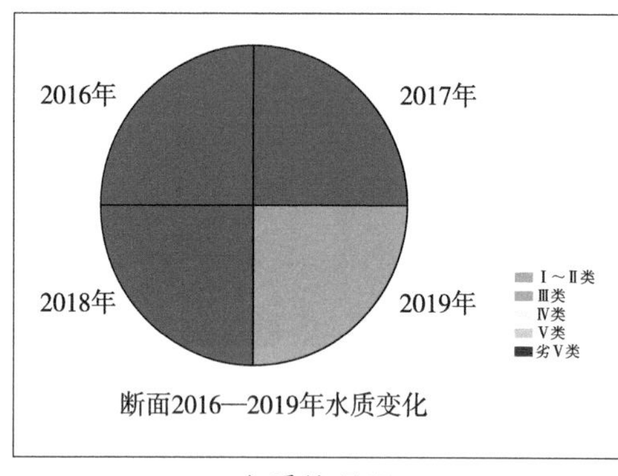

水质状况图

断面情况示意图

自动监测站

断面上游

断面下游

门子哨

断面名称：门子哨
断面编码：2CA00R067000_020N0
断面类型：河流
断面级别：省控 / 市控
断面属性：控制断面
所属水系：滦河水系
所在水体：滦河
汇入水体：渤海
所在属地：承德市承德县
责任属地：承德市

采样方式：涉水
是否季节性河流：否
自动站建设情况：无
断面位置及经纬度：承德市承德县；北纬 41.5811，东经 118.2333
水体描述：水深范围 0.3～1.0 m，河宽范围 30～50 m
水质状况：2016—2018 年水质类别为Ⅲ类，2019 年水质类别为Ⅱ类，水质状况良好

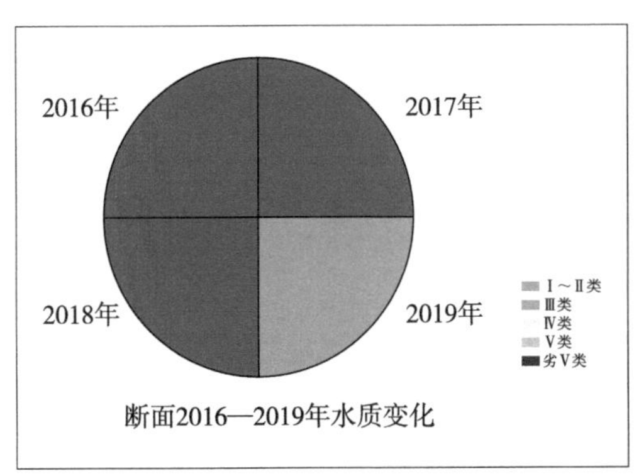

水质状况图

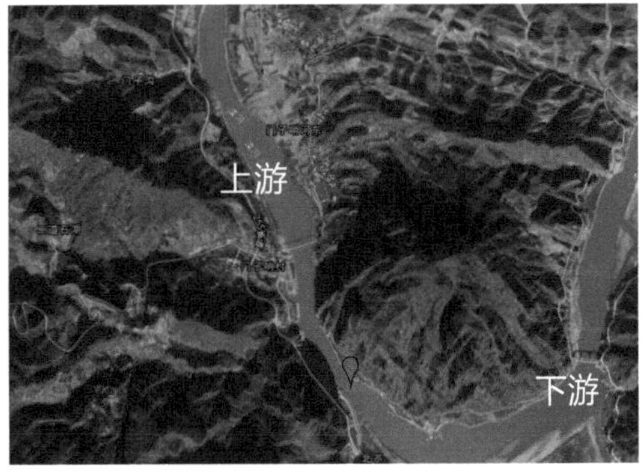

断面情况示意图

断面上游

断面下游

潘家口水库

断面名称：潘家口水库

断面编码：3CA00R067000_107N0

断面类型：河流

断面级别：市控

断面属性：控制断面

所属水系：滦河水系

所在水体：潘家口水库

汇入水体：渤海

所在属地：承德市宽城满族自治县

责任属地：承德市宽城满族自治县

采样方式：船采

是否季节性河流：否

自动站建设情况：无

断面位置及经纬度：承德市宽城满族自治县独石沟乡贾家安村；北纬 40.3395°，东经 118.2647°

水体描述：水深范围 10～20 m，河宽范围 200～300 m

水质状况：2016—2019 年共监测 4 年，2016—2019 年水质类别为Ⅲ类，水质状况良好

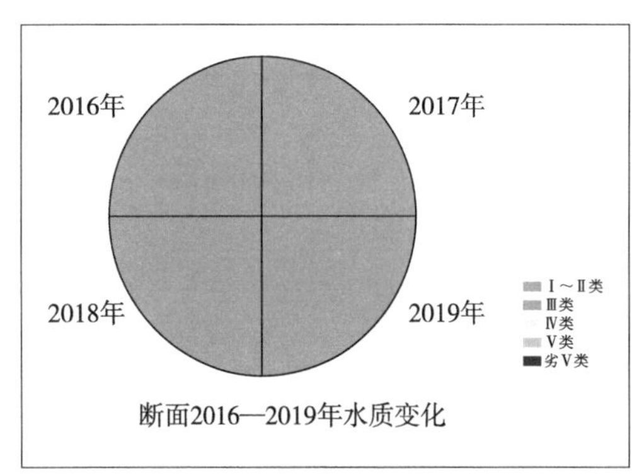

水质状况图

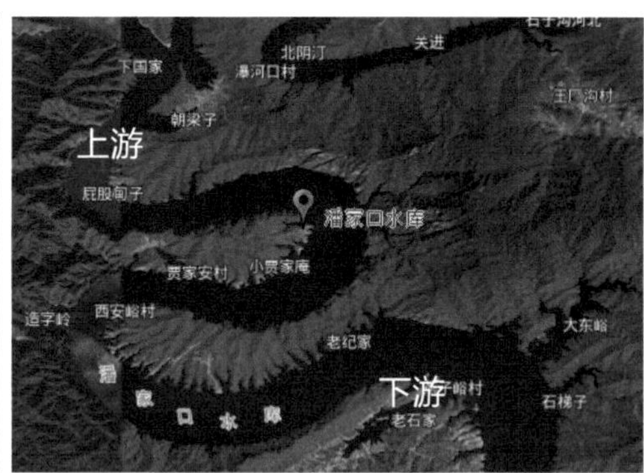

断面情况示意图

断面上游

断面下游

潘家口水库坝下

断面名称：潘家口水库坝下

断面编码：2CA00R067000_021N0

断面类型：水库

断面级别：省控 / 市控

断面属性：市界

所属水系：滦河水系

所在水体：滦河

汇入水体：渤海

所在属地：承德市宽城县

责任属地：承德市

采样方式：船采

是否季节性河流：否

自动站建设情况：无

断面位置及经纬度：承德市宽城县潘家口水库坝下出水处；北纬 40.4350°，东经 118.2886°

水体描述：水深范围 30～60 m，河宽范围 150～200 m

水质状况：2019 年新增断面，水质类别为Ⅲ类

断面情况示意图

断面上游

断面下游

蓝旗营

断面名称：蓝旗营

断面编码：3CI00R067000_071N0

断面类型：河流

断面级别：市控

断面属性：控制断面

所属水系：潮河水系

所在水体：潵河

汇入水体：滦河

所在属地：承德市兴隆县

责任属地：承德市兴隆县

采样方式：桥采

是否季节性河流：否

自动站建设情况：无

断面位置及经纬度：承德市兴隆县三道河镇花水村；北纬 40.3754°，东经 118.0304°

水体描述：水深范围 0.3～2 m，河宽范围 25～50 m

水质状况：2019 年新增断面，2019 年水质类别为Ⅲ类，水质状况良好

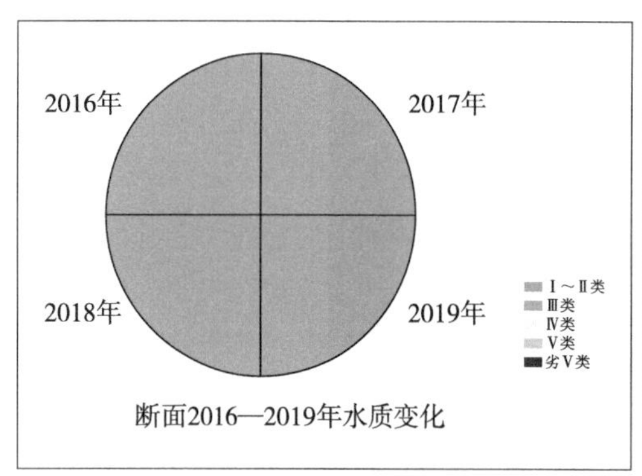

水质状况图

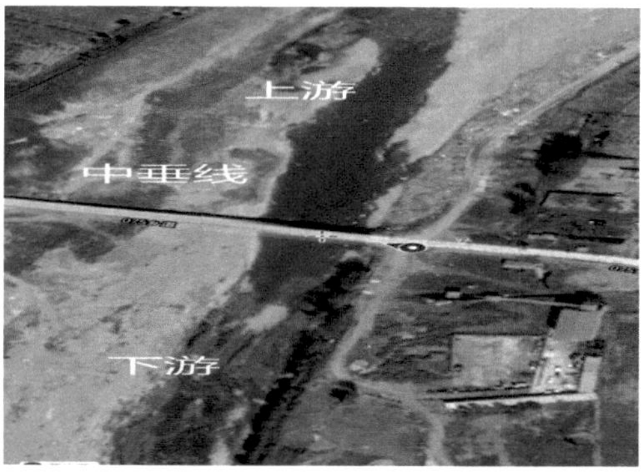

断面情况示意图

断面上游

断面下游

龙井关村

断面名称：龙井关村

断面编码：3CI00R067000_084N0

断面类型：河流

断面级别：市控 / 生态补偿跨界断面

断面属性：控制断面

所属水系：北三河流域

所在水体：潵河

汇入水体：滦河

所在属地：承德市兴隆县

责任属地：承德市

采样方式：桥采

是否季节性河流：否

自动站建设情况：无

断面位置及经纬度：承德市兴隆县三道河镇偏岭子村迁西县龙井关村界；北纬 40.3887° ，东经 118.1576°

水体描述：水深范围 0.5～2 m，河宽范围 20～50 m

水质状况：2016—2019 年共监测 4 年，2016—2019 年水质类别为Ⅲ类，水质状况良好

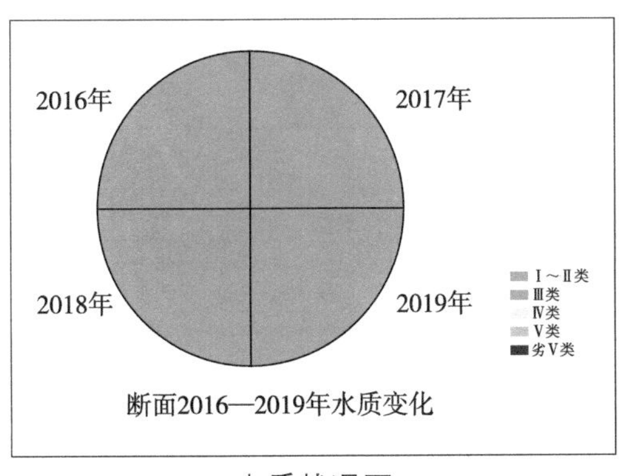

水质状况图

断面情况示意图

断面上游

断面下游

四楼沟村

断面名称：四楼沟村

断面编码：3CA00R067000_134N0

断面类型：河流

断面级别：市控 / 生态补偿跨界断面

断面属性：控制断面

所属水系：北三河水系

所在水体：黑河

汇入水体：滦河

所在属地：承德市兴隆县

责任属地：承德市

采样方式：桥采

是否季节性河流：否

自动站建设情况：无

断面位置及经纬度：承德市兴隆县蘑菇峪镇五楼沟村迁西县汉儿庄乡四楼沟村；北纬 40.4265°，东经 118.1833°

水体描述：水深范围 0.3～1.5 m，河宽范围 20～50 m

水质状况：2016—2019 年共监测 4 年，2016—2019 年水质类别为Ⅲ类，水质状况良好

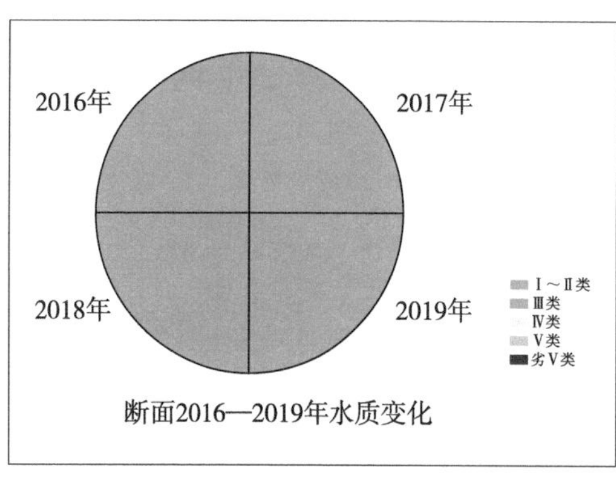

水质状况图

断面情况示意图

断面上游

断面下游

董家口村

断面名称：董家口村

断面编码：3CA00R067000_167N0

断面类型：河流

断面级别：市控

断面属性：控制断面

所属水系：长河河流

汇入水体：长河

所在属地：承德市宽城满族自治县

责任属地：承德市

采样方式：桥采

是否季节性河流：否

自动站建设情况：无

断面位置及经纬度：承德市宽城满族自治县碾子峪镇艾峪口村迁西县上营乡董家口村；北纬 40.4033°，东经 118.4728°

水体描述：水深范围 0.1～0.3 m，河宽范围 5～10 m；冰封期 12 月—次年 2 月

水质状况：2016—2019 年共监测 4 年，2016—2019 年水质类别为Ⅲ类，水质状况良好

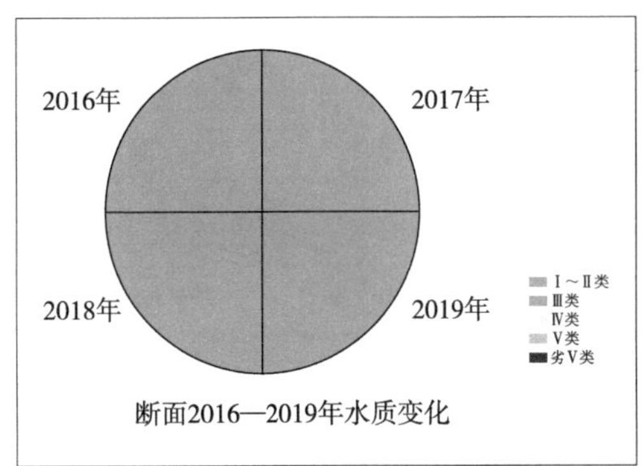

水质状况图

断面情况示意图

断面上游

断面下游

绊马河

断面名称：绊马河

断面编码：3CA00R067000_035N0

断面类型：河流

断面级别：市控

断面属性：控制断面

所属水系：滦河水系

所在水体：青龙河

汇入水体：滦河

所在属地：承德市宽城满族自治县

责任属地：承德市

采样方式：桥采

是否季节性河流：否

自动站建设情况：无

断面位置及经纬度：承德市宽城满族自治县大石柱子乡绊马河村；北纬 40.6716°，东经 119.0848°

水体描述：水深范围 0.2～0.4 m，河宽范围 3～6 m

水质状况：2016—2019 年共监测 4 年，2016—2019 年水质类别为Ⅲ类，水质状况良好

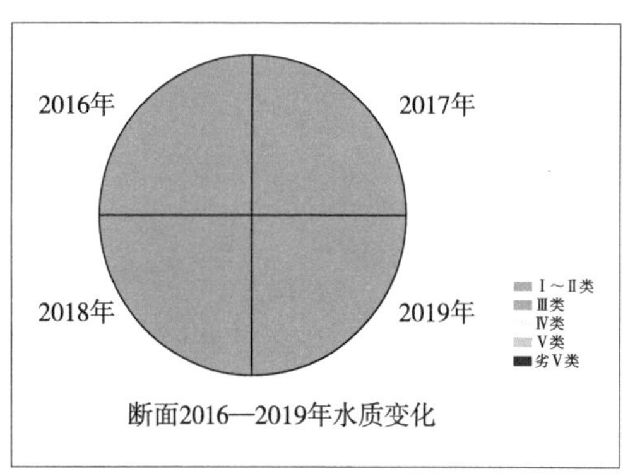

水质状况图

断面情况示意图

断面上游

断面下游

四道河

断面名称：四道河

断面编码：2CA09R067000_023N0

断面类型：河流

断面级别：省控 / 市控

断面属性：省界

所属水系：滦河水系

所在水体：青龙河

汇入水体：滦河

所在属地：承德市宽城县

责任属地：承德市

采样方式：涉水

是否季节性河流：否

自动站建设情况：无

断面位置及经纬度：承德市宽城县大石柱子乡四道河村；北纬 40.6100°，东经 119.1333°

水体描述：水深范围 0.2～0.4 m，河宽范围 60～80 m

水质状况：2016—2018 年水质类别为Ⅱ类，2019 年水质类别为Ⅰ类。水质状况良好

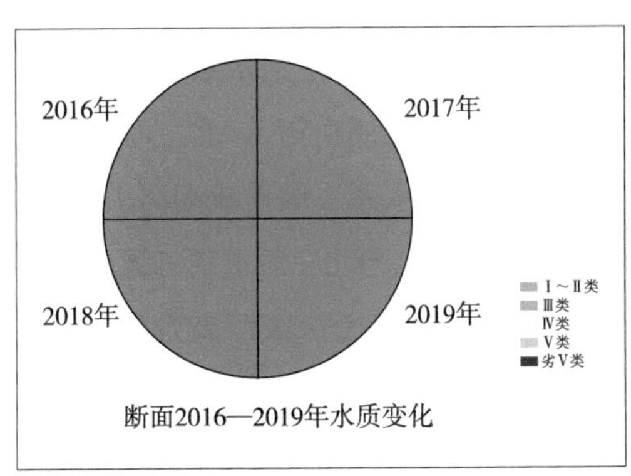

水质状况图

断面情况示意图

断面上游

断面下游

3.2　北三河水系

北三河水系是承德市境内的第二大河流水系，主要代表河流有潮河、白河、潮白河及蓟运河等。潮河干流发源于丰宁县上黄旗哈拉海沟，经过丰宁县城、滦平县部分乡镇汇入密云水库，干流全长为 253 km，在承德市境内为 205.21 km；白河干流发源于张家口市大马群山，其两条支流汤河和天河均发源于丰宁县西部的东猴顶；蓟运河支流泃河、洲河发源于兴隆县南部。潮白河涉及承德市丰宁、滦平、兴隆和承德县 4 个县，境内总面积为 6 776.74 km^2，占密云水库上游流域面积的 38.7%，是首都北京的主要水源地。

北三河水系在承德市辖区内流域面积 100 km^2 以上的河流有 29 条（含境内支流和跨省、市界支流），境内无水系干流的一级支流，二级支流有 5 条，三级支流有 17 条，四级支流有 6 条，五级支流有 1 条。

承德市境内北三河水系流域面积≥1 000 km^2 的河流有 1 条，为潮河（北三河水系二级支流，上一级河流为北三河水系一级支流潮白河）。

承德市境内北三河水系跨省界河流有 6 条，为北三河水系二级支流天河（河北省—北京市；上一级河流为北三河水系一级支流潮白河）、北三河水系二级支流汤河（河北省—北京市；上一级河流为北三河水系一级支流潮白河）、北三河水系三级支流清水河（河北省—北京市；上一级河流为北三河水系二级支流潮河）、北三河水系四级支流大黄岩河（河北省—北京市；上一级河流为北三河水系三级支流清水河）、北三河水系五级支流小黄岩河（河北省—北京市；上一级河流为北三河水系四级支流大黄岩河）、北三河水系二级支流泃河（河北省—天津市；上一级河流为北三河水系一级支流蓟运河山地段）。

承德市境内北三河水系跨市界河流有 2 条，为北三河水系二级支流洲河（承德市—唐山市；上一级河流为北三河水系一级支流蓟运河山地段）、北三河水系三级支流魏进河（承德市—唐山市；上一级河流为北三河水系二级支流洲河）。

承德市境内北三河水系跨县（区）界河流有 1 条，为潮河。

承德市境内北三河水系河流均为二级以上支流，多年平均径流量为 10.11 亿 m^3，承德市境内北三河水系支流年径流量占水系总径流量 80% 以上的河流有 11 条，分别为潮河、汤河、天河、清水河、喇嘛山西沟河、西南沟河、塔黄旗北沟河、石人沟河、岗子河、两间房河和大黄岩河。

承德市境内北三河水系主要河流为潮河，发源于丰宁县槽碾沟南山，因水流湍急，其声如潮而得名。潮河流经滦平县到古北口入北京市密云区境，汇入密云水库。出密云水库在密云区城西南河漕村东与白河汇流后，称潮白河。因为密云水库的修建，潮河被分为密云水库上游和下游两段，沿途有牤牛河、汤河、安达木河、清水河和红门川河 5 条较大支流。

“十四五”承德市北三河水系设置河流监测断面 36 个，分布于北三河水系一级、二级、三级、四级和五级支流，共计涉河流 14 条。

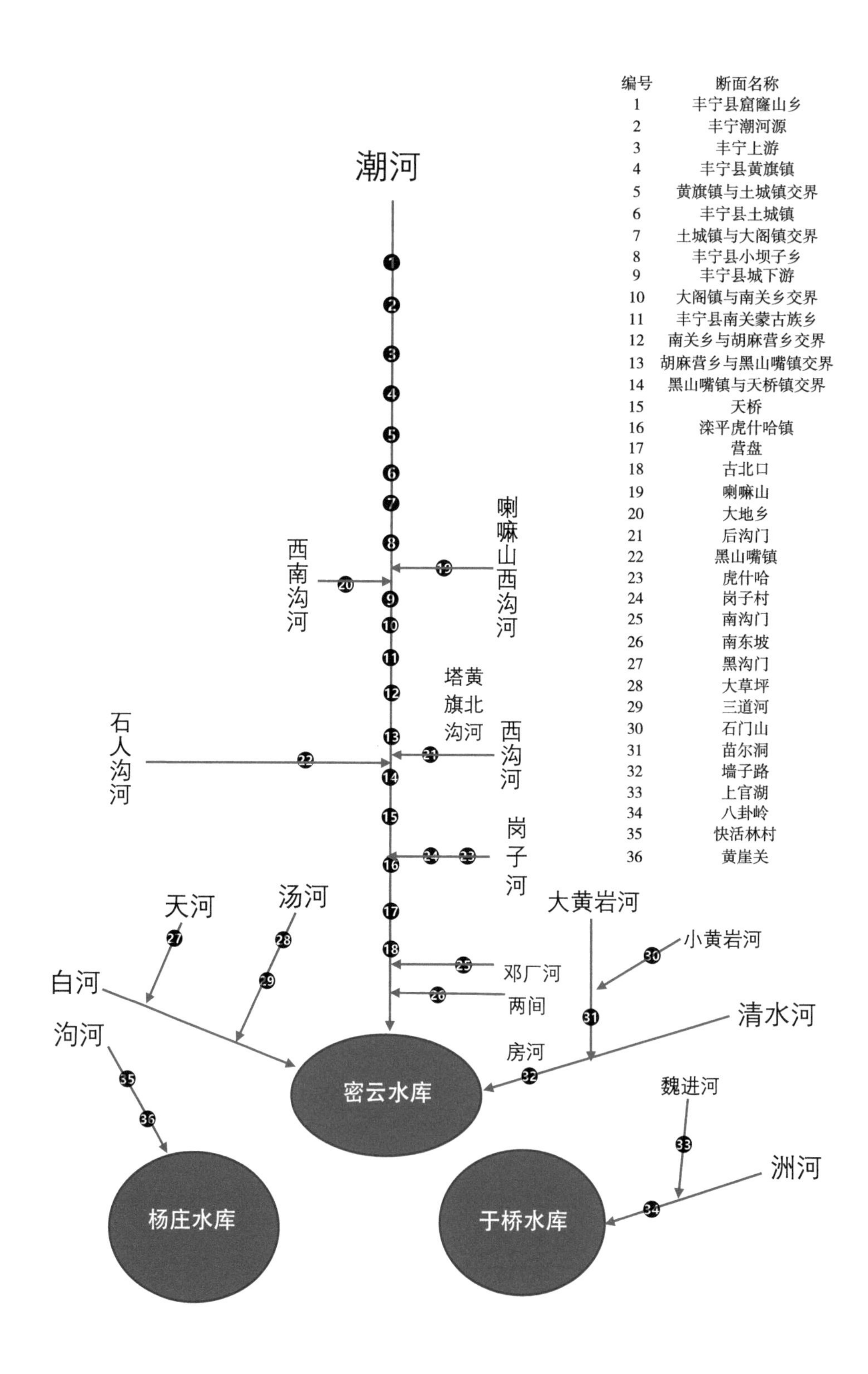
编号 断面名称
1 丰宁县窟窿山乡
2 丰宁潮河源
3 丰宁上游
4 丰宁县黄旗镇
5 黄旗镇与土城镇交界
6 丰宁县土城镇
7 土城镇与大阁镇交界
8 丰宁县小坝子乡
9 丰宁县城下游
10 大阁镇与南关乡交界
11 丰宁县南关蒙古族乡
12 南关乡与胡麻营乡交界
13 胡麻营乡与黑山嘴镇交界
14 黑山嘴镇与天桥镇交界
15 天桥
16 滦平虎什哈镇
17 营盘
18 古北口
19 喇嘛山
20 大地乡
21 后沟门
22 黑山嘴镇
23 虎什哈
24 岗子村
25 南沟门
26 南东坡
27 黑沟门
28 大草坪
29 三道河
30 石门山
31 苗尔洞
32 墙子路
33 上官湖
34 八卦岭
35 快活林村
36 黄崖关
潮河
喇嘛山西沟河
西南沟河
塔黄旗北沟河
西沟河
石人沟河
岗子河
天河
汤河
大黄岩河
小黄岩河
白河
邓厂河
两间
清水河
沟河
房河
密云水库
魏进河
洲河
杨庄水库
于桥水库

丰宁县窟窿山乡

断面名称：丰宁县窟窿山乡

断面编码：3CA00R067000_178N0

断面类型：河流

断面级别：市控

断面属性：控制断面

所属水系：潮河流域

汇入水体：潮河

所在属地：承德市丰宁县

责任属地：承德市

采样方式：岸采

是否季节性河流：是

自动站建设情况：无

断面位置及经纬度：承德市丰宁县窟窿山乡；北纬 41.5543°，东经 116.6361°

水体描述：水深范围 0.1～1 m，河宽范围 0.3～1 m；冰封期 1—3 月；有断流情况，为 1—3 月

水质状况：2016—2019 年共监测 4 年，2016—2019 年水质类别为Ⅲ类，水质状况良好

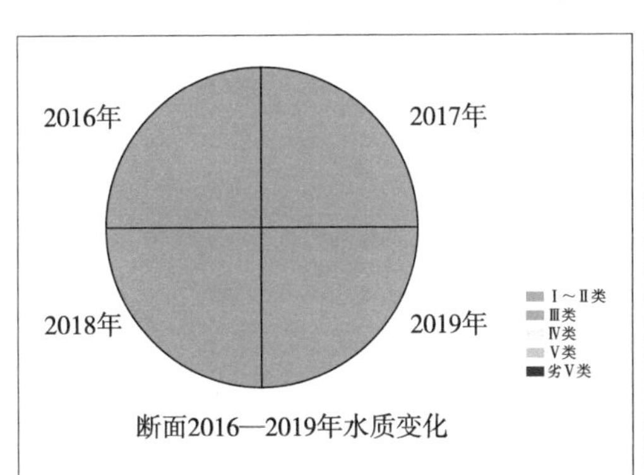

水质状况图

断面情况示意图

断面上游

断面下游

丰宁潮河源

断面名称：丰宁潮河源

断面编码：3CA00R067000_174N0

断面类型：河流

断面级别：市控

断面属性：控制断面

所属水系：潮河流域

汇入水体：潮河

所在属地：承德市丰宁县

责任属地：承德市

采样方式：桥采

是否季节性河流：是

自动站建设情况：无

断面位置及经纬度：承德市丰宁县黄旗镇潮河源村；北纬 41.5087°，东经 116.6759°

水体描述：旱河，季节性河流

水质状况：2016—2019 年共监测 4 年，2016—2019 年水质类别为Ⅲ类，水质状况良好

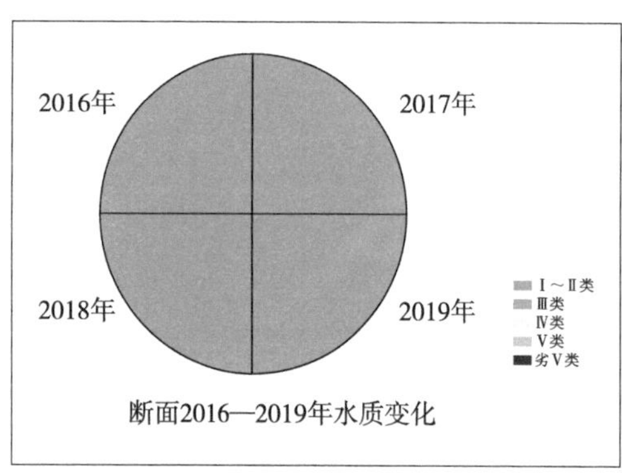

水质状况图

断面情况示意图

断面上游

断面下游

丰宁上游

断面名称：丰宁上游

断面编码：2CI00R067000_016N0

断面类型：河流

断面级别：省控 / 市控

断面属性：控制断面

所属水系：北三河水系

所在水体：潮河

汇入水体：密云水库

所在属地：承德市丰宁县

责任属地：承德市

采样方式：涉水

是否季节性河流：否

自动站建设情况：无

断面位置及经纬度：承德市丰宁县土城镇千佛寺村；北纬 41.4788°，东经 116.6921°

水体描述：水深范围 0.1～0.4 m，河宽范围 1～5 m

水质状况：自 1991 年监测以来，2001—2005 年水质类别为Ⅳ类，主要污染指标为石油类。其余年份水质稳定，呈良好水平

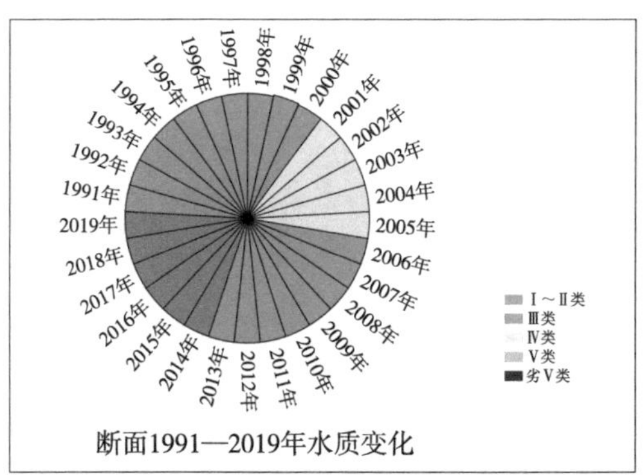

水质状况图

断面情况示意图

断面上游

断面下游

丰宁县黄旗镇

断面名称：丰宁县黄旗镇

断面编码：3CA00R067000_177N0

断面类型：河流

断面级别：市控

断面属性：控制断面

所属水系：潮河流域

汇入水体：潮河

所在属地：承德市丰宁县

责任属地：承德市

采样方式：岸采

是否季节性河流：是

自动站建设情况：无

断面位置及经纬度：承德市丰宁县黄旗镇黄旗西村；北纬 41.4492°，东经 116.6716°

水体描述：旱河

水质状况：2016—2019 年共监测 4 年，2016—2019 年水质类别为Ⅲ类，水质状况良好

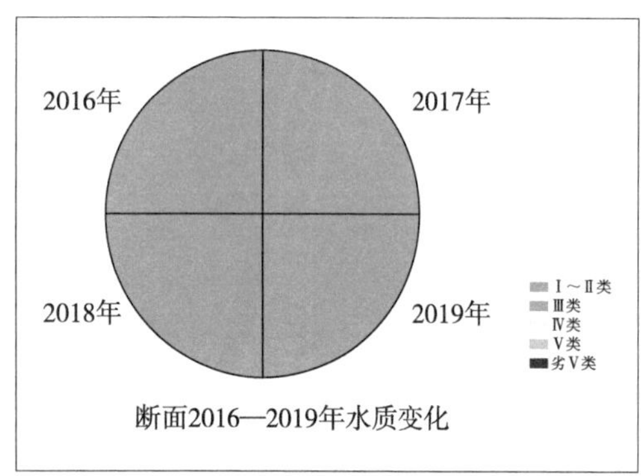

水质状况图

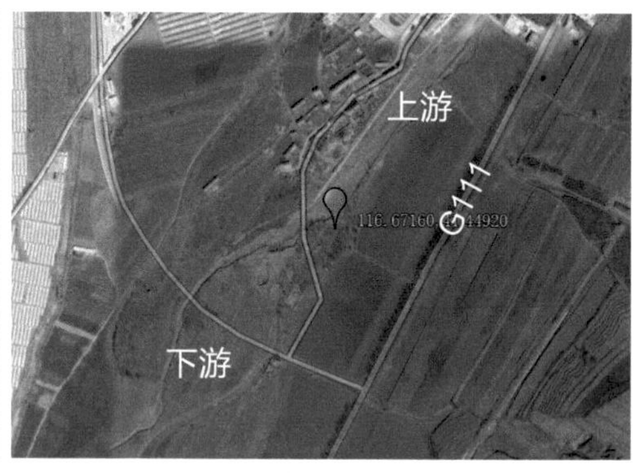

断面情况示意图

断面上游

断面下游

黄旗镇与土城镇交界

断面名称：黄旗镇与土城镇交界
断面编码：3CI00R067000_060N0
断面类型：河流
断面级别：河长制
断面属性：控制断面
所属水系：北三河水系
所在水体：潮河二级支流
汇入水体：密云水库
所在属地：承德市丰宁县
责任属地：承德市丰宁县
采样方式：桥采

是否季节性河流：否
自动站建设情况：无
断面位置及经纬度：承德市丰宁县黄旗镇与土城镇交界处；北纬 41.3996°，东经 116.6373°
水体描述：水深范围 0.1～0.2 m，河宽范围 1～5 m
水质状况：2016—2019 年共监测 4 年，2016—2019 年水质类别为Ⅱ类，水质状况良好

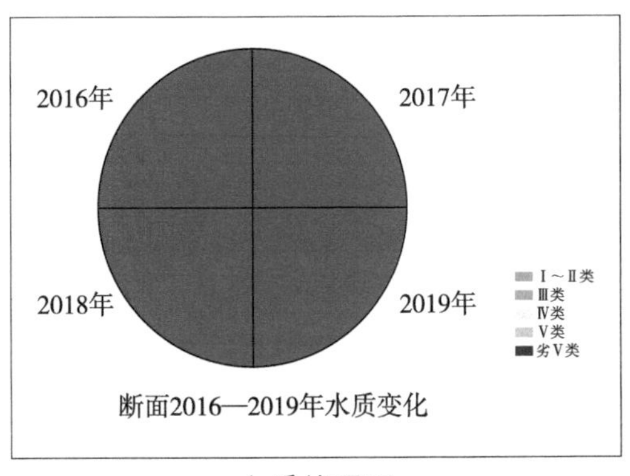

水质状况图

断面情况示意图

断面上游

断面下游

丰宁县土城镇

断面名称：丰宁县土城镇

断面编码：3CA00R067000_063N0

断面类型：河流

断面级别：市控

断面属性：控制断面

所属水系：潮河流域

汇入水体：潮河

所在属地：承德市丰宁县土城镇

责任属地：承德市

采样方式：桥采

是否季节性河流：否

自动站建设情况：无

断面位置及经纬度：承德市丰宁县土城镇土城村；北纬 41.3191°，东经 116.6133°

水体描述：水深范围 0～0.1 m，河宽范围 0～2 m；冰封期 1—3 月

水质状况：2016—2019 年共监测 4 年，2016—2019 年水质类别为Ⅲ类，水质状况良好

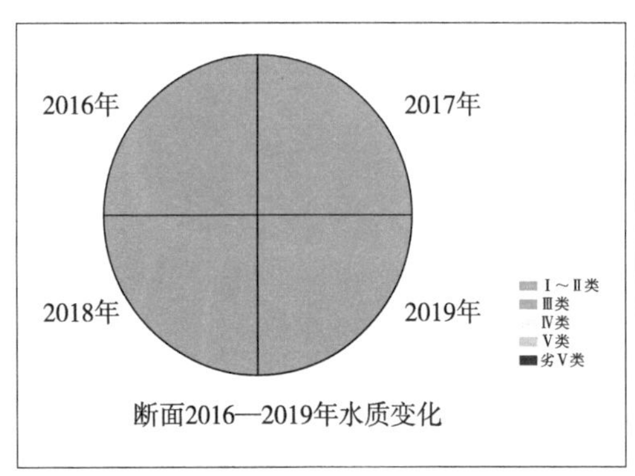

水质状况图

断面情况示意图

断面上游

断面下游

土城镇与大阁镇交界

断面名称：土城镇与大阁镇交界

断面编码：3CI00R067000_138N0

断面类型：河流

断面级别：市控

断面属性：控制断面

所属水系：潮河水系

所在水体：潮河二级支流

汇入水体：潮河

所在属地：承德市丰宁县

责任属地：承德市丰宁县

采样方式：岸采

是否季节性河流：否

自动站建设情况：无

断面位置及经纬度：承德市丰宁县土城镇与大阁镇交界处；北纬 41.2938°，东经 116.6200°

水体描述：水深范围 0～0.2 m，河宽范围 0～4 m

水质状况：2016—2019 年共监测 4 年，2016—2019 年水质类别为Ⅲ类，水质状况良好

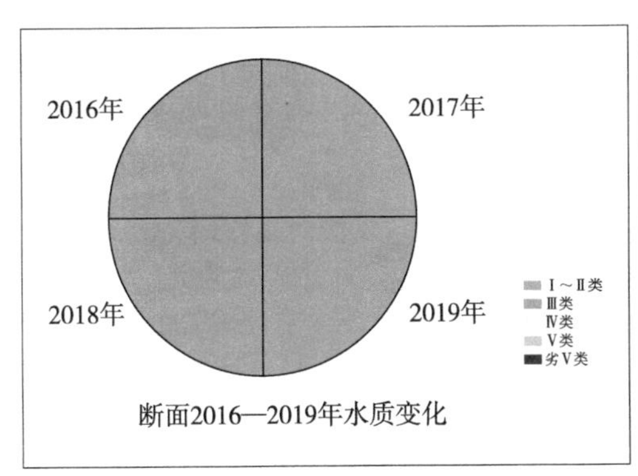

水质状况图

断面情况示意图

断面上游

断面下游

丰宁县小坝子乡

断面名称：丰宁县小坝子乡

断面编码：3CA00R067000_136N0

断面类型：河流

断面级别：市控

断面属性：控制断面

所属水系：潮河流域

汇入水体：潮河

所在属地：承德市丰宁县小坝子乡

责任属地：承德市

采样方式：岸采

是否季节性河流：是

自动站建设情况：无

断面位置及经纬度：承德市丰宁县小坝子乡小坝子村；北纬 41.2395°，东经 116.6236°

水体描述：断流

水质状况：2016—2019 年共监测 4 年，2016—2019 年水质类别为Ⅲ类，水质状况良好

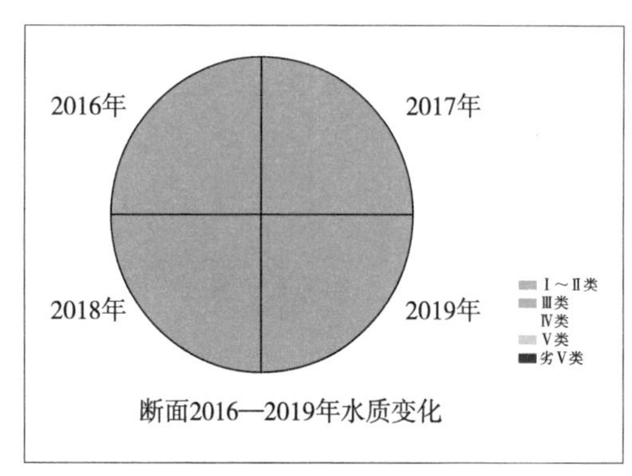

水质状况图

断面情况示意图

断面上游

断面下游

丰宁县城下游

断面名称：丰宁县城下游

断面编码：3CA00R067000_176N0

断面类型：河流

断面级别：市控

断面属性：控制断面

所属水系：潮河流域

汇入水体：潮河

所在属地：承德市丰宁县城下游

责任属地：承德市

采样方式：桥采

是否季节性河流：否

自动站建设情况：无

断面位置及经纬度：承德市丰宁县大阁镇四道河村；北纬 41.1917°，东经 116.6966°

水体描述：水深范围 0～0.2 m，河宽范围 0～10 m；冰封期 1—3 月

水质状况：2016—2019 年共监测 4 年，2016—2019 年水质类别为Ⅲ类，水质状况良好

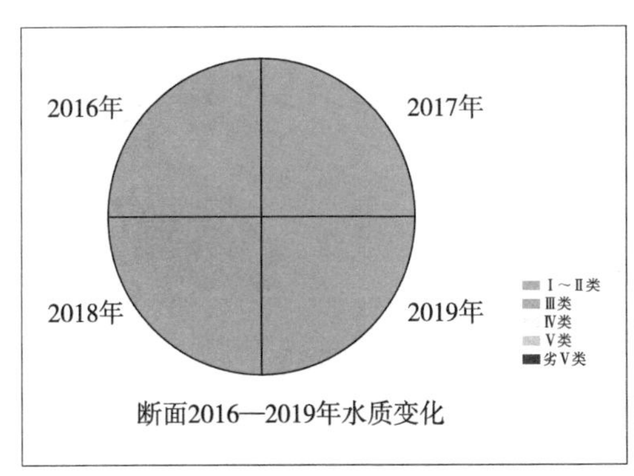

水质状况图

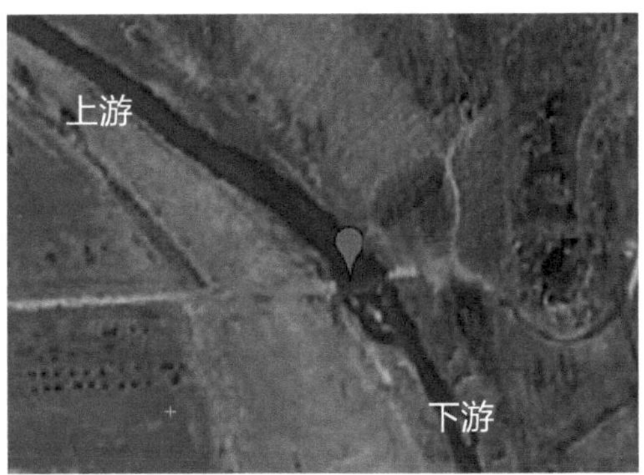

断面情况示意图

断面上游

断面下游

大阁镇与南关乡交界

断面名称：大阁镇与南关乡交界

断面编码：3CA00R067000_042N0

断面类型：河流

断面级别：河长制

断面属性：控制断面

所属水系：北三河水系

汇入水体：潮河

所在属地：承德市丰宁县

责任属地：承德市

采样方式：桥采

是否季节性河流：否

自动站建设情况：无

断面位置及经纬度：承德市丰宁县大阁镇与南关乡交界处；北纬 41.1917°，东经 116.6966°

水体描述：水深范围 0～0.15 m，河宽范围 0～6 m

水质状况：2016—2019 年共监测 4 年，2016—2019 年水质类别为Ⅲ类，水质状况良好

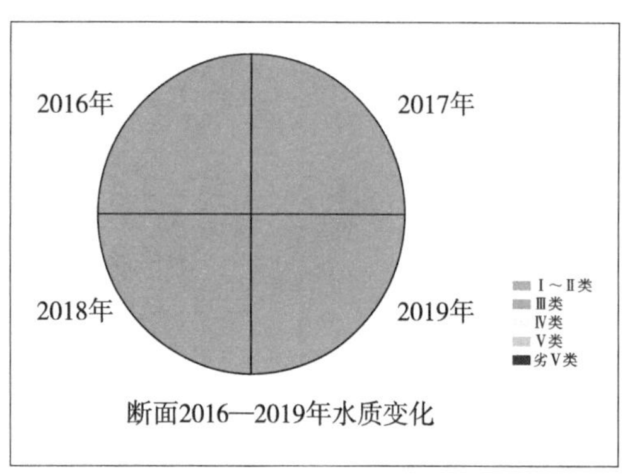

水质状况图

断面情况示意图

断面上游

断面下游

丰宁县南关蒙古族乡

断面名称：丰宁县南关蒙古族乡

断面编码：3CA00R067000_133N0

断面类型：河流

断面级别：市界

断面属性：控制断面

所属水系：潮河流域

汇入水体：潮河

所在属地：承德市丰宁县南关蒙古族乡

责任属地：承德市

采样方式：桥采

是否季节性河流：是

自动站建设情况：无

断面位置及经纬度：承德市丰宁县南关蒙古族乡长阁村；北纬 41.1722°，东经 116.8002°

水体描述：水深范围 0～0.2 m，河宽范围 0～4 m；冰封期 1—3 月

水质状况：2016—2019 年共监测 4 年，2016—2019 年水质类别为Ⅲ类，水质状况良好

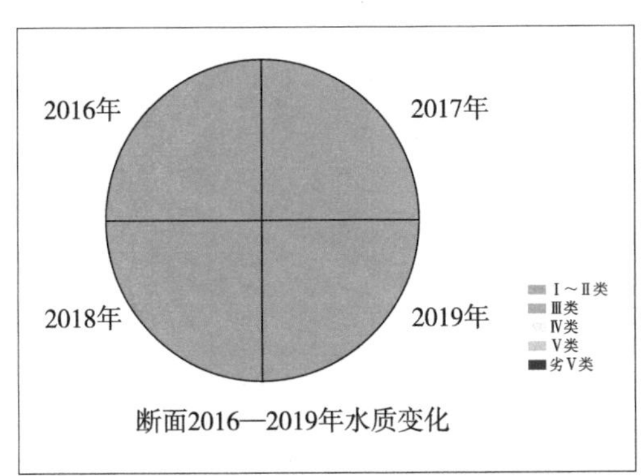

水质状况图

断面情况示意图

断面上游

断面下游

南关乡与胡麻营乡交界

断面名称：南关乡与胡麻营乡交界

断面编码：3CA00R067000_104N0

断面类型：河流

断面级别：河长制

断面属性：控制断面

所属水系：北三河水系

所在水体：潮河二级支流

汇入水体：潮河

所在属地：承德市丰宁县

责任属地：承德市丰宁县

采样方式：桥采

是否季节性河流：否

自动站建设情况：无

断面位置及经纬度：承德市丰宁县南关乡与胡麻营镇交界处小龙潭沟村；北纬 41.1318°，东经 116.8606°

水体描述：水深范围 0～0.4 m，河宽范围 0～6 m

水质状况：2016—2019 年共监测 4 年，2016—2019 年水质类别为Ⅲ类，水质状况良好

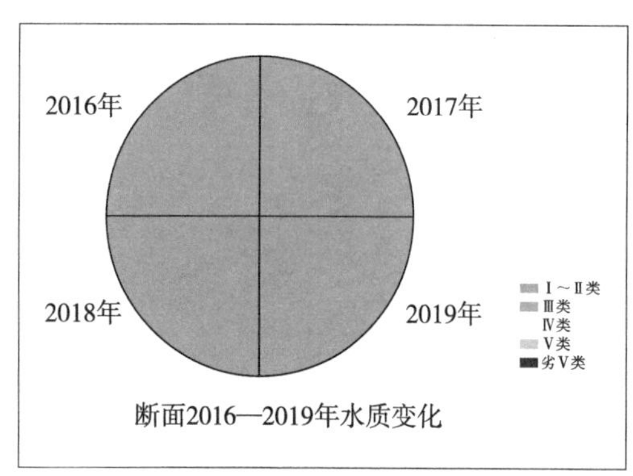

水质状况图

断面情况示意图

断面上游

断面下游

胡麻营乡与黑山嘴镇交界

断面名称：胡麻营乡与黑山嘴镇交界

断面编码：3CI00R067000_057N0

断面类型：河流

断面级别：河长制

断面属性：控制断面

所属水系：北三河水系

所在水体：潮河二级支流

汇入水体：潮河

所在属地：承德市丰宁县

责任属地：承德市丰宁县

采样方式：桥采

是否季节性河流：否

自动站建设情况：无

断面位置及经纬度：承德市丰宁县胡麻营镇（塔前村）与黑山嘴镇交界处；北纬 41.0492° ，东经 116.9155°

水体描述：水深范围 0～3 m，河宽范围 0～8 m

水质状况：2016—2019 年共监测 4 年，2016—2019 年水质类别为Ⅱ类，水质状况良好

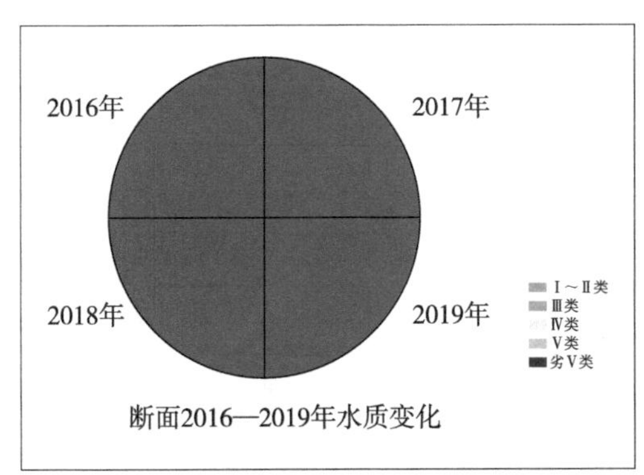

水质状况图

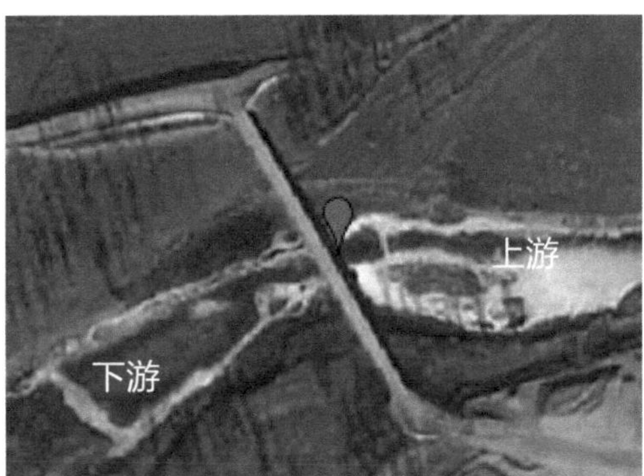

断面情况示意图

断面上游

断面下游

黑山嘴镇与天桥镇交界

断面名称：黑山嘴镇与天桥镇交界

断面编码：3CI00R067000_054N0

断面类型：河流

断面级别：河长制

断面属性：控制断面

所属水系：北三河水系

所在水体：潮河二级支流

汇入水体：潮河

所在属地：承德市丰宁县

责任属地：承德市丰宁县

采样方式：桥采

是否季节性河流：否

自动站建设情况：无

断面位置及经纬度：承德市丰宁县黑山嘴镇平山村与天桥镇交界处；北纬 40.9871° ，东经 116.9874°

水体描述：水深范围 0～0.4 m，河宽范围 0～8 m

水质状况：2016—2019 年共监测 4 年，2016—2019 年水质类别为Ⅲ类，水质状况良好

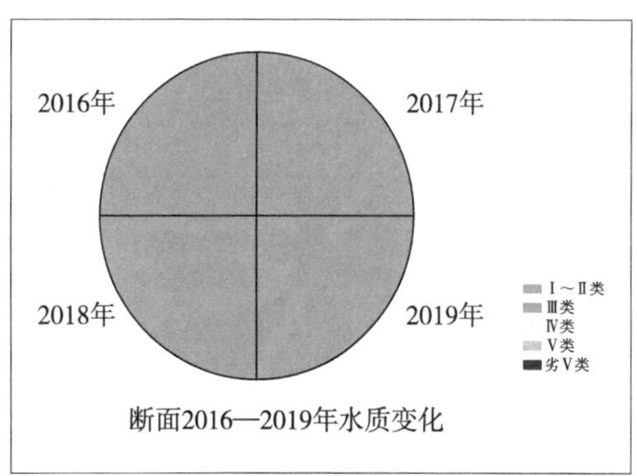

水质状况图

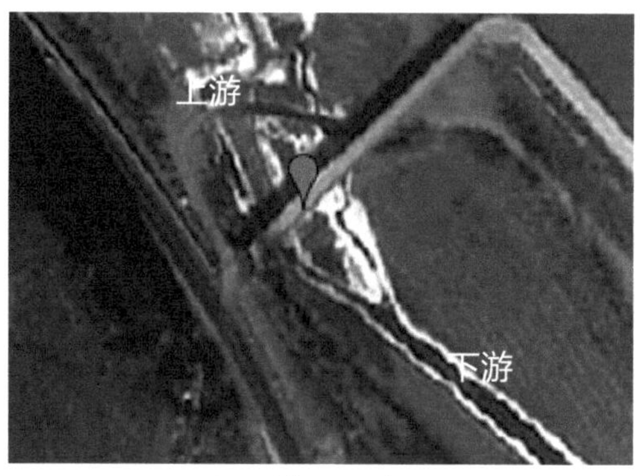

断面情况示意图

断面上游

断面下游

天桥

断面名称：天桥

断面编码：3CI00R067000_135Y0

断面类型：河流

断面级别：市控 / 生态补偿跨界断面 / 河长制

断面属性：控制断面

所属水系：潮河水系

所在水体：潮河

汇入水体：密云水库

所在属地：承德市丰宁县

责任属地：承德市丰宁县

采样方式：桥采

是否季节性河流：否

自动站建设情况：无

断面位置及经纬度：承德市丰宁县天桥镇天桥村；北纬 40.9672°，东经 116.9967°

水体描述：水深范围 0～0.6 m，河宽范围 0～8 m

水质状况：2016—2019 年共监测 4 年，2016—2019 年水质类别为Ⅲ类，水质状况良好

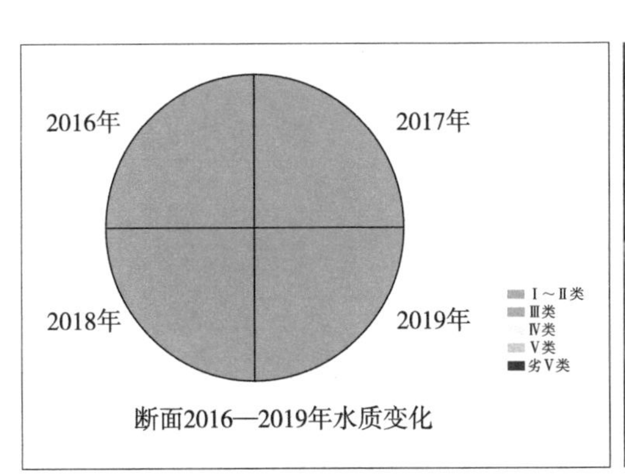

水质状况图

断面情况示意图

断面上游

断面下游

滦平虎什哈镇

断面名称：滦平虎什哈镇

断面编码：3CI00R067000_089N0

断面类型：河流

断面级别：市控

断面属性：控制断面

所属水系：北三河水系

所在水体：金台子河

汇入水体：潮河

所在属地：承德市滦平县虎什哈镇

责任属地：承德市滦平县

采样方式：桥采

是否季节性河流：否

自动站建设情况：无

断面位置及经纬度：承德市滦平县虎什哈镇虎什哈村；北纬 40.8854°，东经 117.0052°

水体描述：断流

水质状况：2016—2019 年共监测 4 年，2016—2019 年水质类别为Ⅲ类，水质状况良好

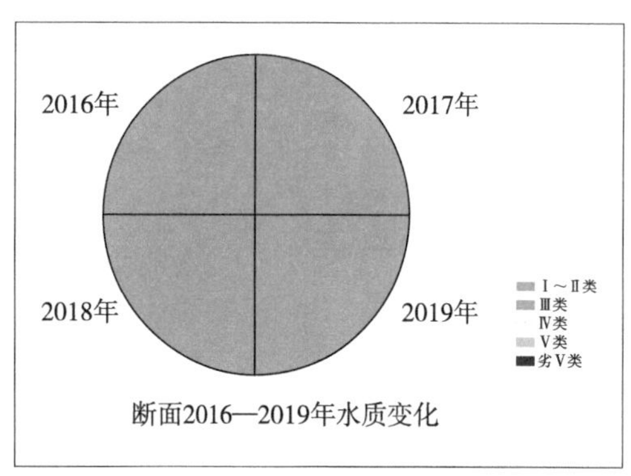

水质状况图

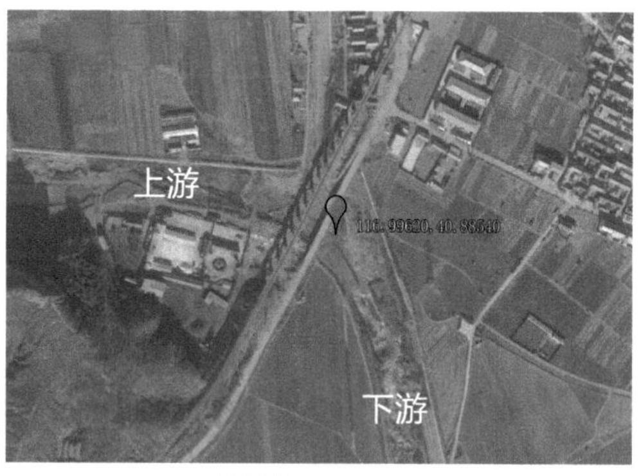

断面情况示意图

断面上游

断面下游

营盘

断面名称：营盘
断面编码：2CI00R067000_027N0
断面类型：河流
断面级别：省控 / 市控
断面属性：控制断面
所属水系：北三河水系
所在水体：潮河
汇入水体：密云水库
所在属地：承德市滦平县
责任属地：承德市
采样方式：涉水
是否季节性河流：否
自动站建设情况：无

断面位置及经纬度：承德市滦平县巴克什营镇营盘村；北纬 40.7134°，东经 117.1700°

水体描述：水深范围 0.3～0.5 m，河宽范围 5～20 m

水质状况：自 1991 年监测以来，1996—2000 年水质类别为Ⅱ类，2001—2005 年水质类别为Ⅳ类，2006—2009 年水质类别为Ⅲ类，2010 年水质类别为Ⅱ类，2011—2013 年水质类别为Ⅲ类，2014—2019 年水质类别为Ⅱ类。该断面主要污染物为石油类

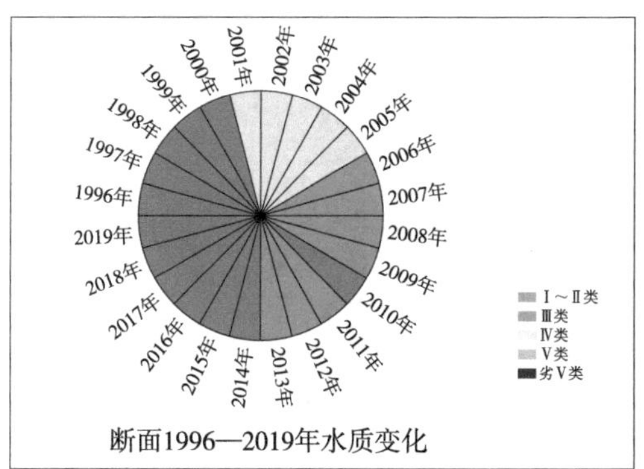

水质状况图

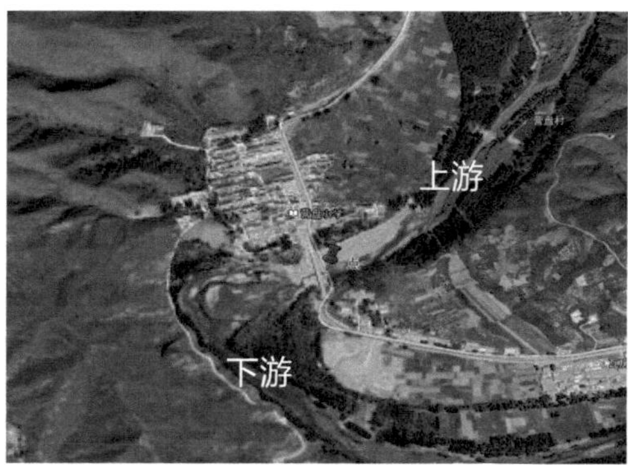

断面情况示意图

断面上游

断面下游

古北口

断面名称：古北口

断面编码：CI05S110000_0005A

断面类型：河流

断面级别：国控 / 省控 / 市控

断面属性：省界

所属水系：北三河水系

所在水体：潮河

汇入水体：密云水库

所在属地：承德市滦平县

责任属地：承德市

采样方式：桥采

是否季节性河流：否

自动站建设情况：2017 年建站

断面位置及经纬度：承德市滦平县北京市密云区古北口镇；北纬 40.7015°，东经 117.1634°

水体描述：水深范围 0.2～0.8 m，河宽范围 5～20 m

水质状况：自 1991 年监测以来，2001—2005 年、2007 年水质类别为Ⅳ类，主要污染指标为石油类。其余年份水质稳定，呈良好以上水平

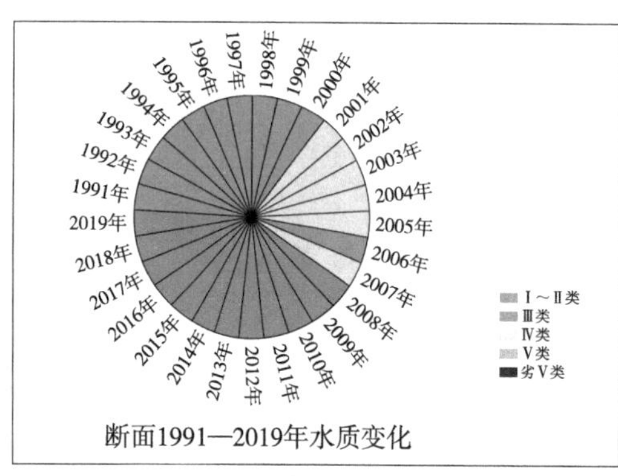

水质状况图

断面情况示意图

断面上游

断面下游

喇嘛山

断面名称：喇嘛山

断面编码：3CI00R067000_070N0

断面类型：河流

断面级别：市控

断面属性：控制断面

所属水系：潮河水系

所在水体：喇嘛山西沟河

汇入水体：密云水库

所在属地：承德市丰宁县喇嘛山

责任属地：承德市丰宁县

采样方式：岸采

是否季节性河流：否

自动站建设情况：无

断面位置及经纬度：承德市丰宁县喇嘛山；北纬 41.3995°，东经 116.4456°

水体描述：水深范围 0～0.15 m，河宽范围 0～4 m

水质状况：2016—2019 年共监测 4 年，2016—2019 年水质类别为Ⅱ类，水质状况良好

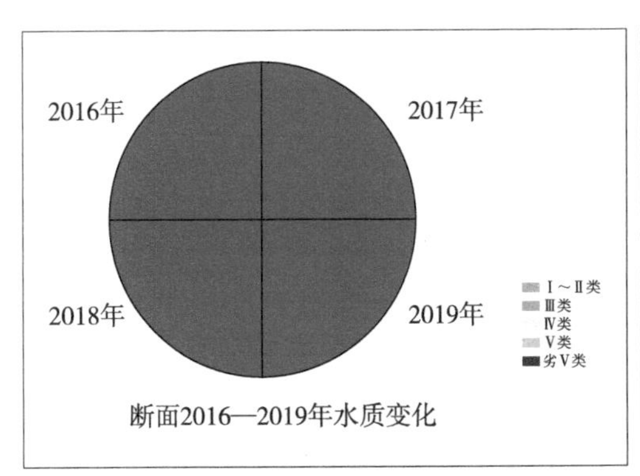

水质状况图

断面情况示意图

断面上游

断面下游

大地乡

断面名称：大地乡

断面编码：3CA00R067000_041N0

断面类型：河流

断面级别：市控

断面属性：控制断面

所属水系：北三河水系

汇入水体：密云水库

所在属地：承德市丰宁县大地乡

责任属地：承德市

采样方式：岸采

是否季节性河流：否

自动站建设情况：无

断面位置及经纬度：承德市丰宁县大地乡；北纬 41.3438°，东经 116.5121°

水体描述：断流

水质状况：2019 年新增断面，目前处于断流状态

断面情况示意图

断面上游

断面下游

后沟门

断面名称：后沟门

断面编码：3CI00R067000_055N0

断面类型：河流

断面级别：市控

断面属性：控制断面

所属水系：北三河水系

所在水体：塔黄旗北沟河

汇入水体：潮河

所在属地：承德市丰宁县

责任属地：承德市丰宁县

采样方式：桥采

是否季节性河流：否

自动站建设情况：无

断面位置及经纬度：承德市丰宁县胡麻营乡后沟门村；北纬 41.0370°，东经 116.9010°

水体描述：断流

水质状况：2019 年新增断面，该断面断流

断面情况示意图

断面上游

断面下游

黑山嘴镇

断面名称：黑山嘴镇

断面编码：3CI00R067000_053N0

断面类型：河流

断面级别：市控

断面属性：控制断面

所属水系：北三河水系

所在水体：石人沟河

汇入水体：潮河

所在属地：承德市丰宁县

责任属地：承德市丰宁县

采样方式：岸采

是否季节性河流：否

自动站建设情况：无

断面位置及经纬度：承德市丰宁县黑山嘴镇；北纬 41.0814° ，东经 117.0381°

水体描述：断流

水质状况：2019 年新增断面，2019 年该断面断流

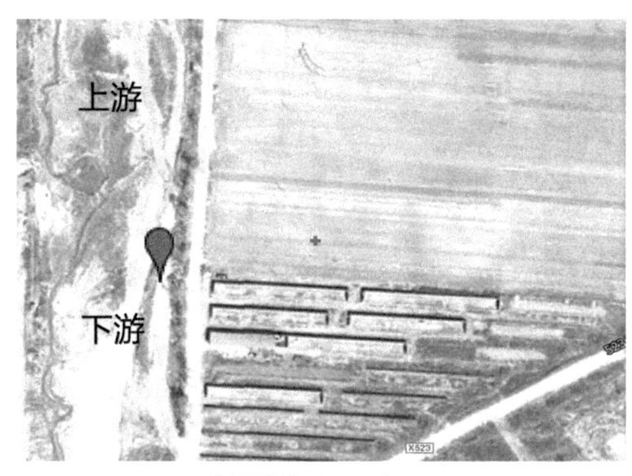

断面情况示意图

断面上游

断面下游

虎什哈

断面名称：虎什哈

断面编码：3CI00R067000_059N0

断面类型：河流

断面级别：市控

断面属性：控制断面

所属水系：北三河水系

所在水体：潮河

汇入水体：密云水库

所在属地：承德市滦平县虎什哈镇三道河村

责任属地：承德市滦平县

采样方式：桥采

是否季节性河流：否

自动站建设情况：无

断面位置及经纬度：承德市滦平县虎什哈镇三道河村；北纬 40.8559°，东经 116.9967°

水体描述：水深范围 0.2～0.8 m，河宽范围 5～20 m

水质状况：2019 年新增断面，2019 年该断面断流

断面情况示意图

断面上游

断面下游

岗子村

断面名称：岗子村

断面编码：3CA00R067000_072N0

断面类型：河流

断面级别：市控

断面属性：控制断面

所属水系：潮河流域

汇入水体：潮河

所在属地：承德市滦平县虎什哈镇

责任属地：承德市

采样方式：桥采

是否季节性河流：是

自动站建设情况：无

断面位置及经纬度：承德市滦平县虎什哈镇岗子村；北纬 40.8968°，东经 117.0426°

水体描述：水深范围 0.2～0.3 m，河宽范围 2～3 m；冰封期 12 月—次年 3 月；有断流情况

水质状况：2016—2019 年共监测 4 年，2016—2019 年水质类别为Ⅲ类，水质状况良好

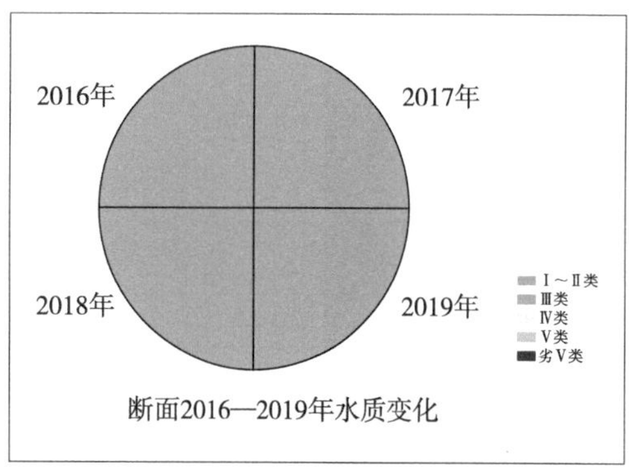

水质状况图

断面情况示意图

断面上游

断面下游

南沟门

断面名称：南沟门

断面编码：3CA00R067000_102N0

断面类型：河流

断面级别：市控

断面属性：控制断面

所属水系：潮河水系

所在水体：邓厂河

汇入水体：潮河

所在属地：承德市滦平县付家店乡

责任属地：承德市滦平县

采样方式：桥采

是否季节性河流：否

自动站建设情况：无

断面位置及经纬度：承德市滦平县付家店乡八什汉村南沟门自然村；北纬 40.8039° ，东经 117.0675°

水体描述：水深范围 0.2～0.3 m，河宽范围 1～5 m

水质状况：2016—2019 年共监测 4 年，2016—2019 年水质类别为Ⅲ类，水质状况良好

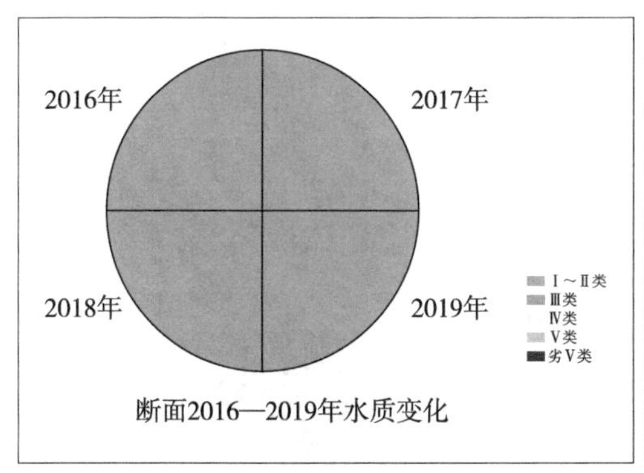

水质状况图

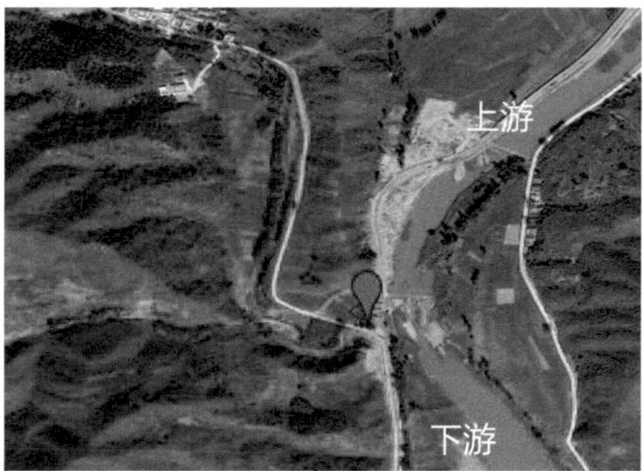

断面情况示意图

断面上游

断面下游

南东坡（下二寨大桥）

断面名称：南东坡（下二寨大桥）

断面编码：3CA00R067000_101N0

断面类型：河流

断面级别：市控

断面属性：控制断面

所属水系：北三河水系

所在水体：两间房河

汇入水体：潮河

所在属地：承德市滦平县巴克什营镇

责任属地：承德市滦平县

采样方式：桥采

是否季节性河流：否

自动站建设情况：无

断面位置及经纬度：承德市滦平县巴克什营镇下二寨村；北纬 40.7055°，东经 117.1708°

水体描述：水深范围 0.2～0.3 m，河宽范围 2～5 m

水质状况：2016—2019 年共监测 4 年，2016—2019 年水质类别为Ⅲ类，水质状况良好

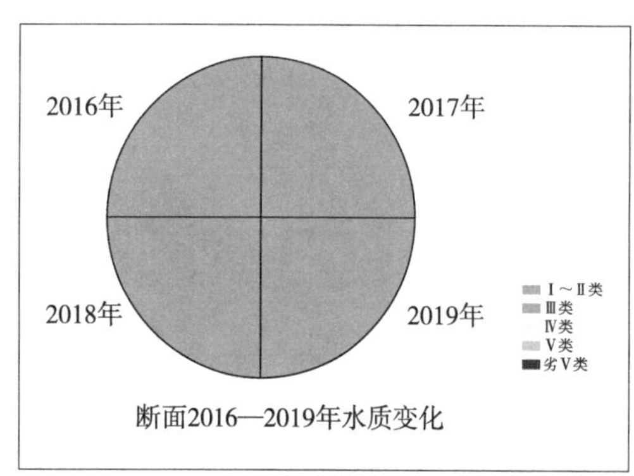

水质状况图

断面情况示意图

断面上游

断面下游

黑沟门

断面名称：黑沟门

断面编码：3CI00R067000_051N0

断面类型：河流

断面级别：市控

断面属性：控制断面

所属水系：北三河水系

所在水体：天河

汇入水体：密云水库

所在属地：承德市丰宁县

责任属地：承德市丰宁县

采样方式：岸采

是否季节性河流：否

自动站建设情况：无

断面位置及经纬度：承德市丰宁县杨木栅子乡后店村；北纬 40.9118°，东经 116.4233°

水体描述：水深范围 0.1～0.3 m，河宽范围 1～1.5 m

水质状况：2019 年新增断面，水质类别为Ⅲ类，水质状况良好

断面情况示意图

断面上游

断面下游

大草坪

断面名称：大草坪

断面编码：3CA04R067000_040N0

断面类型：河流

断面级别：市控

断面属性：省界

所属水系：汤河

汇入水体：汤河

所在属地：丰宁县—北京交界

责任属地：承德市

采样方式：岸采

是否季节性河流：否

自动站建设情况：无

断面位置及经纬度：承德市丰宁县汤河乡大草坪村；北纬 40.9945°，东经 116.5919°

水体描述：水深范围 0.1～0.3 m，河宽范围 1.5～2 m；冰封期 1—3 月

水质状况：2016—2019 年共监测 4 年，2016—2019 年水质类别为Ⅱ类，水质状况良好

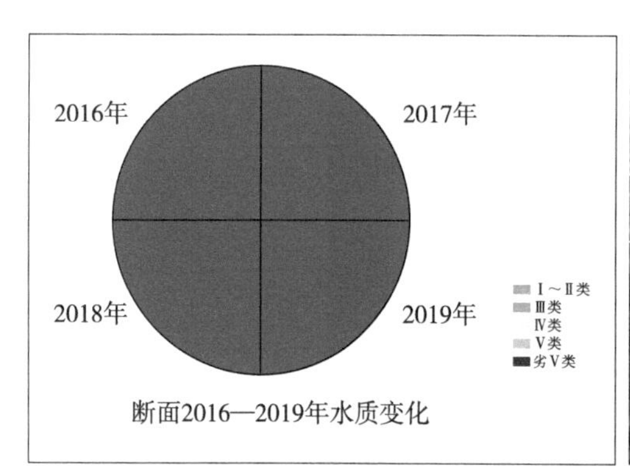

水质状况图

断面情况示意图

断面上游

断面下游

三道河

断面名称：三道河

断面编码：3CA00R067000_115N0

断面类型：河流

断面级别：市控

断面属性：控制断面

所属水系：北三河水系

所在水体：汤河

汇入水体：密云水库

所在属地：承德市丰宁县三道河村

责任属地：承德市丰宁县

采样方式：桥采

是否季节性河流：否

自动站建设情况：无

断面位置及经纬度：承德市丰宁县三道河村；北纬 41.1083°，东经 116.5091°

水体描述：水深范围 0.1～0.3 m，河宽范围 1.5～2 m

水质状况：2016—2019 年共监测 4 年，2016—2019 年水质类别为Ⅲ类，水质状况良好

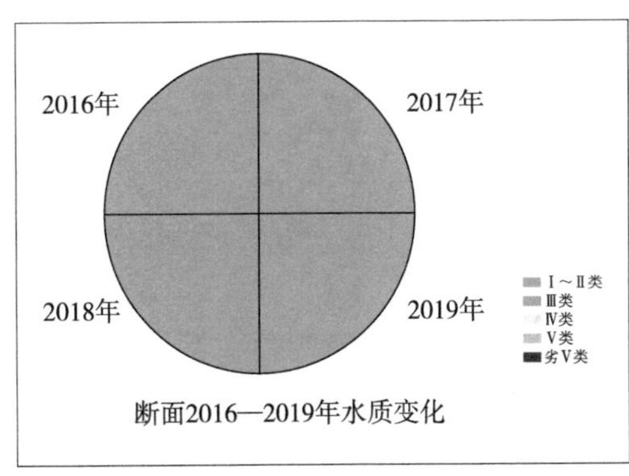

水质状况图

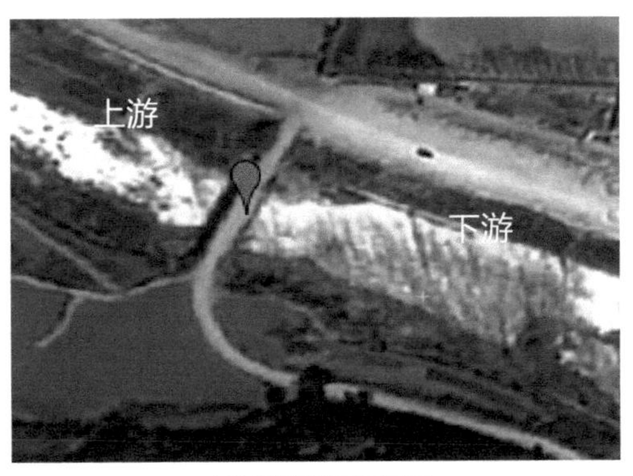

断面情况示意图

断面上游

断面下游

石门山

断面名称：石门山

断面编码：3CI00R067000_125N0

断面类型：河流

断面级别：市控

断面属性：控制断面

所属水系：潮河流域

所在水体：小黄岩河

汇入水体：清水河

所在属地：承德市兴隆县

责任属地：承德市

采样方式：岸采

是否季节性河流：否

自动站建设情况：无

断面位置及经纬度：承德市兴隆县上石洞乡山神庙村界碑峪；北纬 40.4962°，东经 117.2159°

水体描述：水深范围 0.3～1.5 m，河宽范围 3～10 m

水质状况：2016—2019 年共监测 4 年，2016—2019 年水质类别为Ⅲ类，水质状况良好

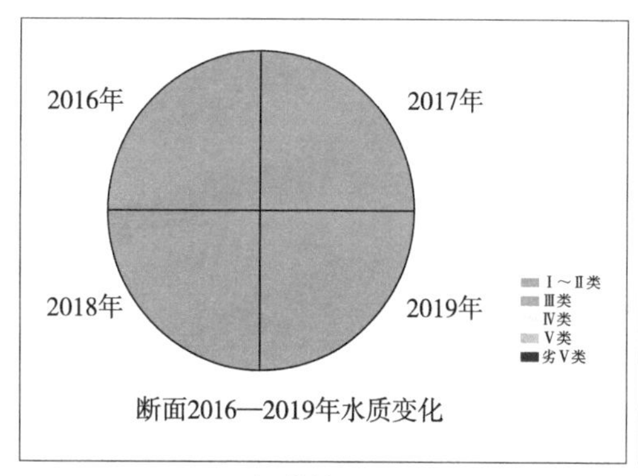

水质状况图

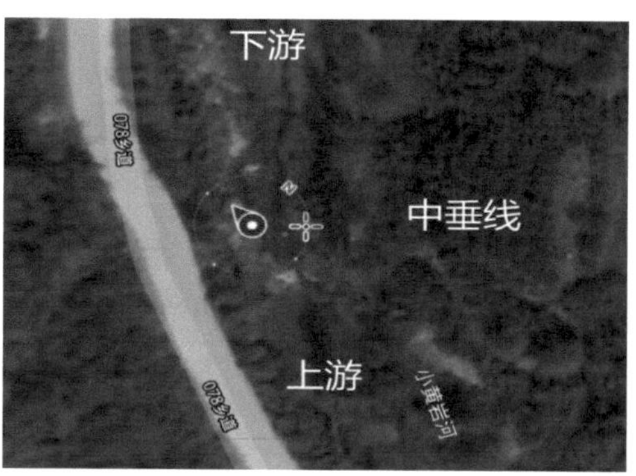

断面情况示意图

断面上游

断面下游

苗尔洞

断面名称：苗尔洞

断面编码：3CA00R067000_098N0

断面类型：河流

断面级别：省控

断面属性：控制断面

所属水系：北三河水系

所在水体：大黄岩河

汇入水体：清水河

所在属地：承德市兴隆县

责任属地：承德市

采样方式：涉水

是否季节性河流：否

自动站建设情况：无

断面位置及经纬度：承德市兴隆县雾灵山镇苗尔洞村；北纬 40.5246° ，东经 117.2564°

水体描述：水深范围 0.15～1 m，河宽范围 8～15 m

水质状况：2016—2019 年共监测 4 年，2016—2019 年水质类别为Ⅲ类，水质状况良好

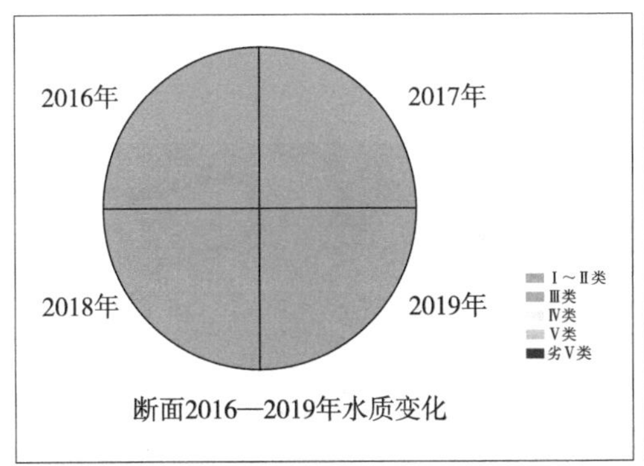

水质状况图

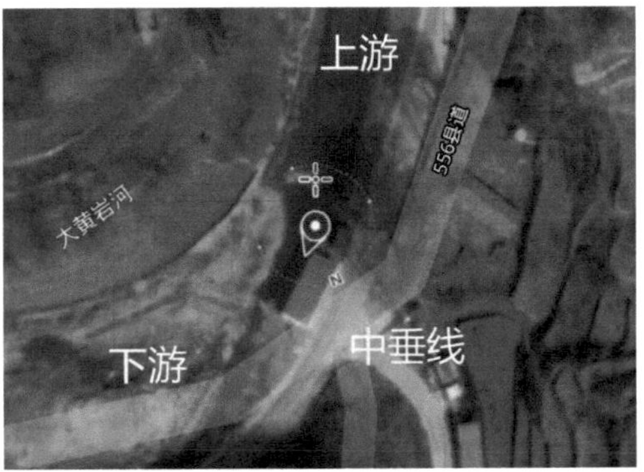

断面情况示意图

断面上游

断面下游

墙子路

断面名称：墙子路

断面编码：CI06S130800_0002A

断面类型：河流

断面级别：国控 / 省控 / 市控

断面属性：控制断面

所属水系：北三河水系

所在水体：清水河

汇入水体：密云水库

所在属地：承德市兴隆县

责任属地：承德市

采样方式：桥采

是否季节性河流：否

自动站建设情况：2017 年建站

断面位置及经纬度：承德市兴隆县六道河镇二道河村；北纬 40.4096°，东经 117.2437°

水体描述：水深范围 0.15～1 m，河宽范围 8～20 m

水质状况：自 1996 年监测以来，2001—2005 年、2007 年水质类别为Ⅳ类，主要污染物为石油类。其余年份水质稳定，呈良好水平

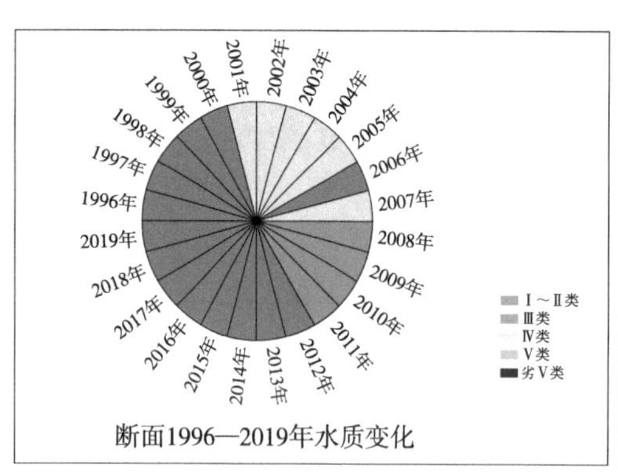

水质状况图

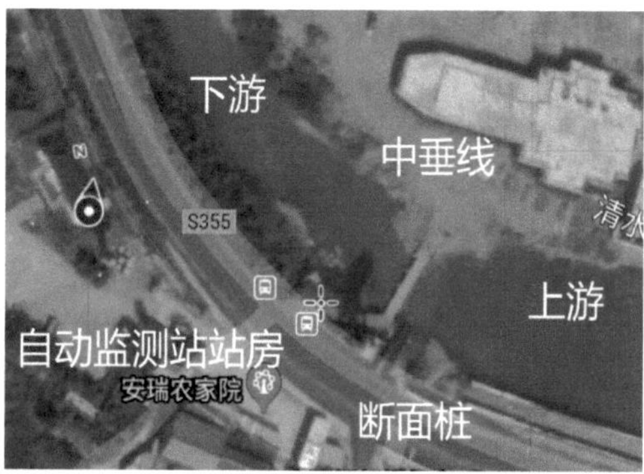

断面情况示意图

自动监测站

断面上游

断面下游

上官湖

断面名称：上官湖

断面编码：3CI04R067000_123N0

断面类型：河流

断面级别：市控

断面属性：省界

所属水系：北三河水系

所在水体：魏进河

汇入水体：密云水库

所在属地：遵化市鲶鱼池村

责任属地：遵化市鲶鱼池村

采样方式：岸采

是否季节性河流：否

自动站建设情况：无

断面位置及经纬度：兴隆县上官湖遵化市鲶鱼池村；北纬 40.2107°，东经 117.3540°

水体描述：水深范围 0.01～0.1 m，河宽范围 0.5～1 m

水质状况：2016—2019 年共监测 4 年，2016—2019 年水质类别为Ⅲ类，水质状况良好

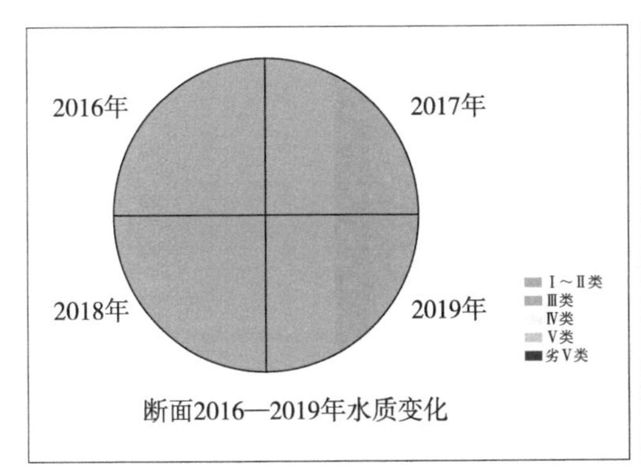

水质状况图

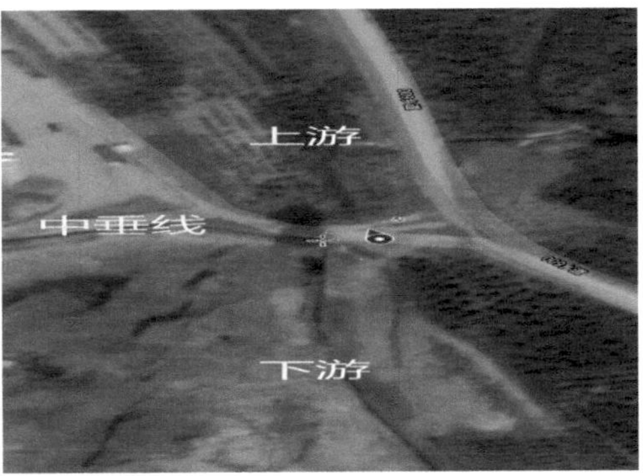

断面情况示意图

断面上游

断面下游

八卦岭

断面名称：八卦岭

断面编码：3CA00R067000_031N0

断面类型：河流

断面级别：市控

断面属性：控制断面

所属水系：魏进河流域

所在水体：洲河

汇入水体：魏进河

所在属地：承德市兴隆县

责任属地：承德市

采样方式：岸采

是否季节性河流：否

自动站建设情况：无

断面位置及经纬度：承德市兴隆县八卦岭乡三道川村；北纬 40.2499°，东经 117.5777°

水体描述：水深范围 0.03～0.5 m，河宽范围 3～4 m

水质状况：该断面为 2019 年新增断面，水质类别为Ⅲ类，水质良好

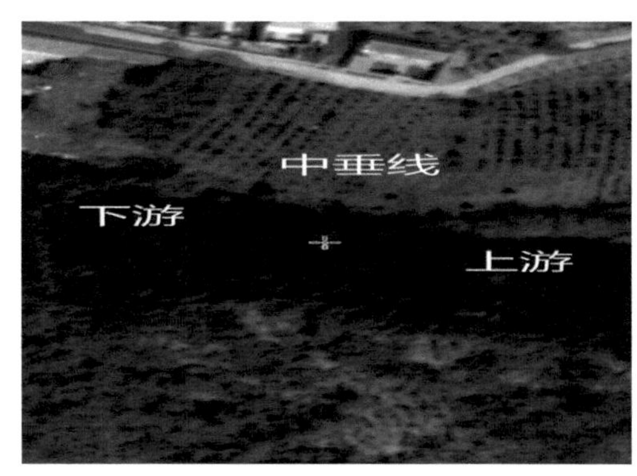

断面情况示意图

断面上游

断面下游

快活林村

断面名称：快活林村
断面编码：3CI04R067000_069N0
断面类型：河流
断面级别：生态补偿跨界断面
断面属性：省界
所属水系：洵河
所在水体：洵河
汇入水体：洵河
所在属地：承德市兴隆县
责任属地：承德市
采样方式：桥采

是否季节性河流：否
自动站建设情况：无
断面位置及经纬度：承德市兴隆县青松岭镇快活林村；北纬 40.2479°，东经 117.4469°
水体描述：水深范围 0.2～1 m，河宽范围 20～40 m
水质状况：2016—2019 年共监测 4 年，2016—2019 年水质类别为Ⅲ类，水质状况良好

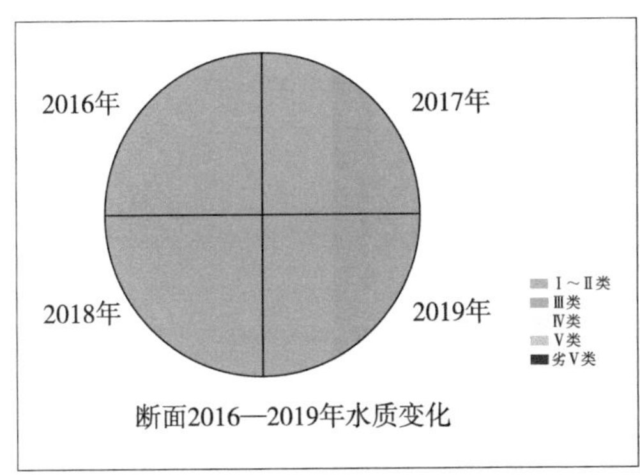

水质状况图

断面情况示意图

断面上游

断面下游

黄崖关

断面名称：黄崖关

断面编码：3CI07R067000_061N0

断面类型：河流

断面级别：市控

断面属性：省界

所属水系：北三河水系

所在水体：泃河

汇入水体：泃河

所在属地：天津市蓟州区黄崖关镇黄崖关村

责任属地：承德市兴隆县

采样方式：桥采

是否季节性河流：否

自动站建设情况：无

断面位置及经纬度：天津市蓟州区黄崖关镇黄崖关村；北纬 40.2495°，东经 117.4553°

水体描述：水深范围 0.3～1.5 m，河宽范围 20～40 m

水质状况：2019 年新增断面，水质类别为Ⅲ类，水质状况良好

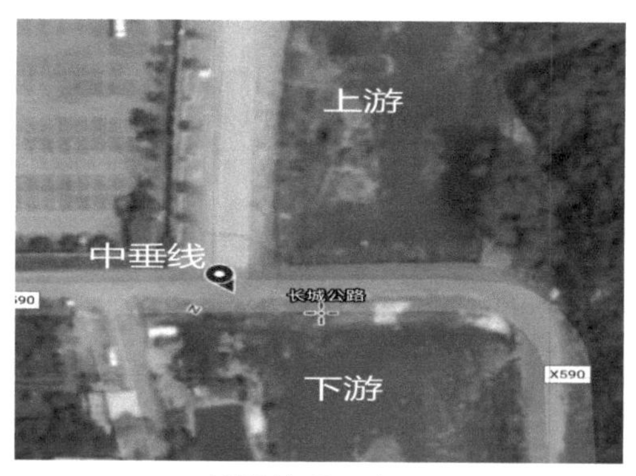

断面情况示意图

断面上游

断面下游

3.3 辽河水系

辽河发源于平泉市和围场县，境内流域面积3568.9 km^2，干流全长为64.93 km。承德市境内有辽河水系支流老哈河、阴河、西路嘎河，西路嘎河和老哈河为辽河水系上源，老哈河为主源，是辽河源头。

辽河水系在承德市辖区内流域面积100 km^{2}以上的河流有11条（含境内支流和跨省、市界支流），其中境内水系一级支流有1条，二级支流有3条、三级支流有3条、四级支流有3条、五级支流有1条。

承德市境内辽河水系流域面积≥1 000 km^{2}的河流有1条，为阴河（辽河水系二级支流，上一级河流为辽河水系一级支流老哈河）。

承德市境内辽河水系跨省界河流有5条，分别为老哈河（辽河水系一级支流、辽河水系上源）、阴河（辽河水系二级支流，上一级河流为辽河水系一级支流老哈河）、西路嘎河（辽河水系三级支流，上一级河流为辽河水系二级支流阴河、辽河水系上源）、七宝丘河（辽河水系三级支流，河北省—内蒙古自治区赤峰市；上一级河流为辽河水系二级支流阴河）、喇嘛地河（辽河水系四级支流，河北省围场县—内蒙古自治区喀喇沁旗；上一级河流为辽河水系三级支流西路嘎河）。

该水系在承德市境内无跨市界、县界河流。

承德市境内辽河水系河流多年平均径流量为1.19亿m^3，承德市境内辽河水系支流年径流量占水系总径流量80%以上的河流有5条，分别为老哈河、阴河、西路嘎河、山湾子河和七宝丘河。

承德市境内辽河水系主要河流为老哈河，是辽河西源—西辽河上源，古代称之为“乌候秦水”，蒙古语称之为“老哈木伦”。“老哈”来自契丹语，是“铁”的意思。老哈河发源于平泉市境内七老图山脉海拔为1 490 m的光头山，向东北流入内蒙古自治区赤峰市境内，于翁牛特旗与奈曼旗交界处，与自西向东流的西拉木伦河汇合后成为西辽河。

“十四五”承德市辽河水系预设置河流监测断面11个，分布于辽河水系一级、二级、三级和四级支流，共计涉河流6条。

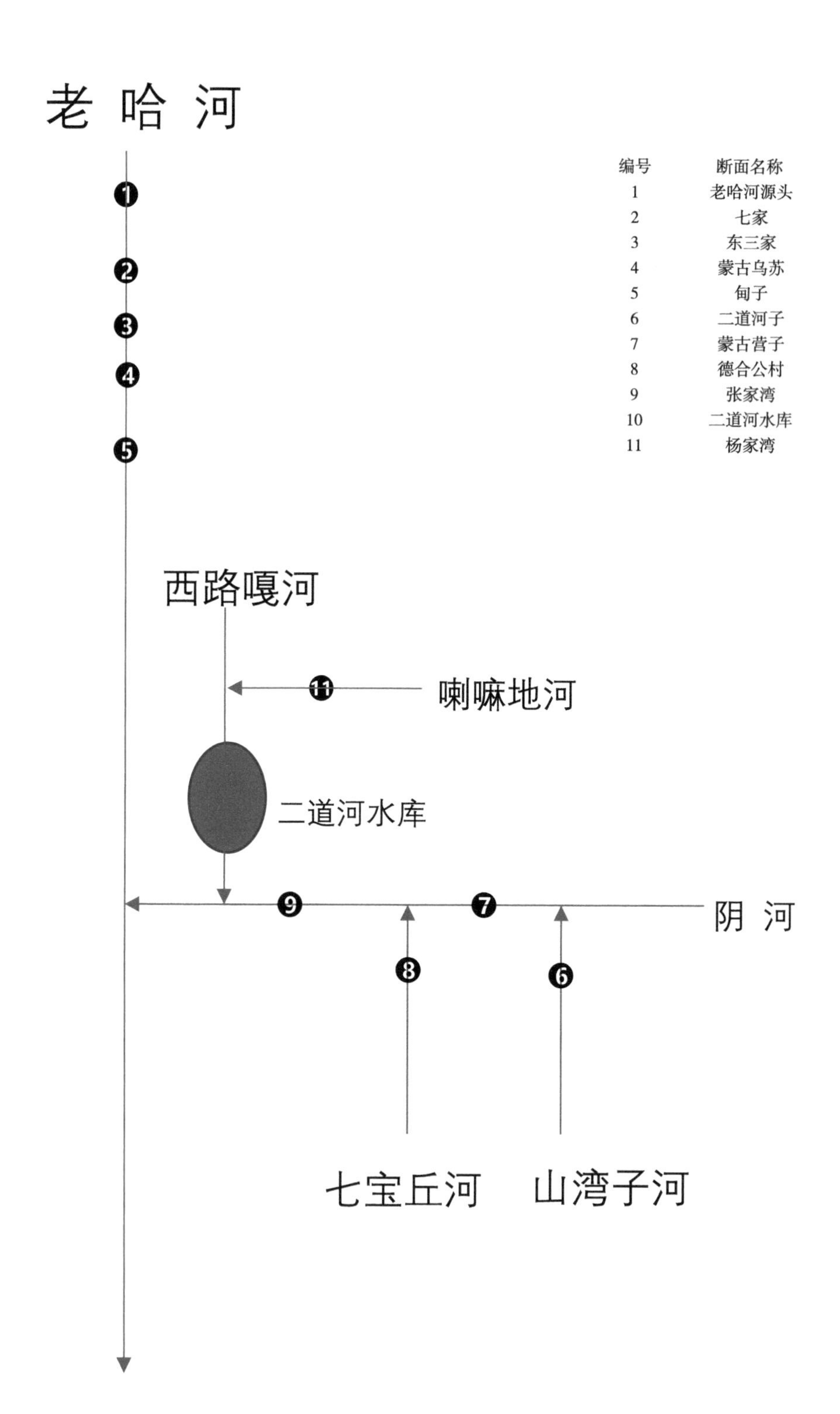
老哈河
编号 断面名称
1 老哈河源头
2 七家
3 东三家
4 蒙古乌苏
5 甸子
6 二道河子
7 蒙古营子
8 德合公村
9 张家湾
10 二道河水库
11 杨家湾
西路嘎河
喇嘛地河
二道河水库
阴河
七宝丘河
山湾子河

老哈河源头

断面名称：老哈河源头

断面编码：3BA10R067000_074N0

断面类型：河流

断面级别：生态补偿跨界断面

断面属性：控制断面

所属水系：辽河水系

所在水体：老哈河

汇入水体：辽河

所在属地：承德市平泉市

责任属地：承德市平泉市

采样方式：涉水

是否季节性河流：否

自动站建设情况：无

断面位置及经纬度：承德市平泉市柳溪镇高杖子村；北纬 41.3190°，东经 118.5144°

水体描述：水深范围 0.1～0.2 m，河宽范围 0.5～1 m

水质状况：2016—2019 年共监测 4 年，2016—2019 年水质类别为Ⅲ类，水质状况良好

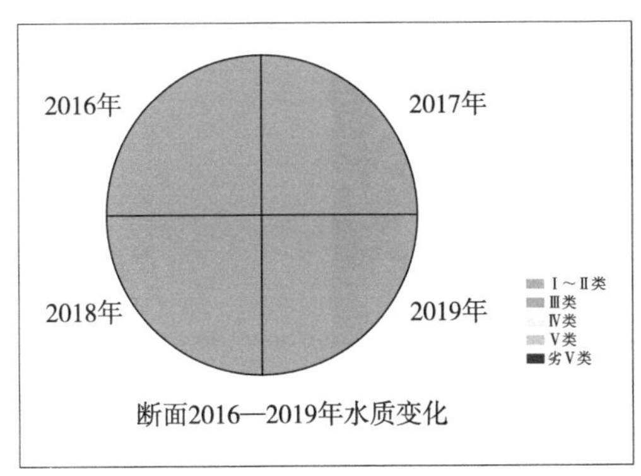

水质状况图

断面情况示意图

断面上游

断面下游

七家

断面名称：七家

断面编码：3CA00R067000_113N0

断面类型：河流

断面级别：市控

断面属性：控制断面

所属水系：辽河水系

所在水体：老哈河

汇入水体：辽河

所在属地：承德市平泉市

责任属地：承德市平泉市

采样方式：涉水

是否季节性河流：否

自动站建设情况：无

断面位置及经纬度：承德市平泉市七家乡；北纬 41.2357°，东经 118.6433°

水体描述：水深范围 0.1～0.3 m，河宽范围 2～3 m

水质状况：2019 年新增断面，水质类别为Ⅲ类，水质状况良好

断面情况示意图

断面上游

断面下游

东三家

断面名称：东三家

断面编码：3BA00R067000_166N0

断面类型：河流

断面级别：水功能区断面

断面属性：控制断面

所属水系：老哈河

汇入水体：辽河

所在属地：承德市平泉市

责任属地：承德市

采样方式：涉水

是否季节性河流：否

自动站建设情况：无

断面位置及经纬度：承德市平泉市东三家村；北纬 41.2081° ，东经 118.7764°

水体描述：水深范围 0.2～0.3 m，河宽范围 2～4 m；冰封期 12 月—次年 3 月

水质状况：2016—2019 年共监测 4 年，2016—2019 年水质类别为Ⅲ类，水质状况良好

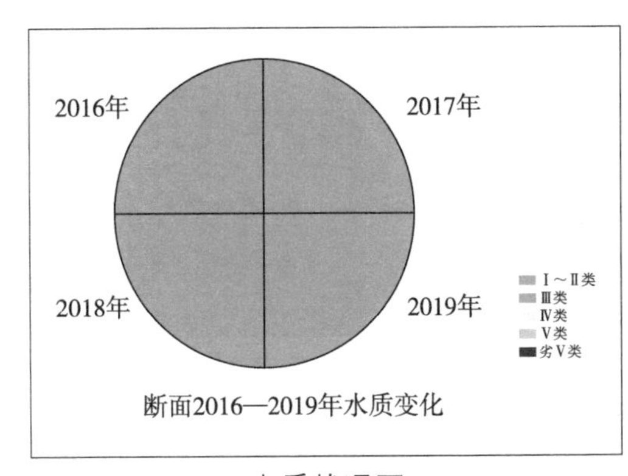

水质状况图

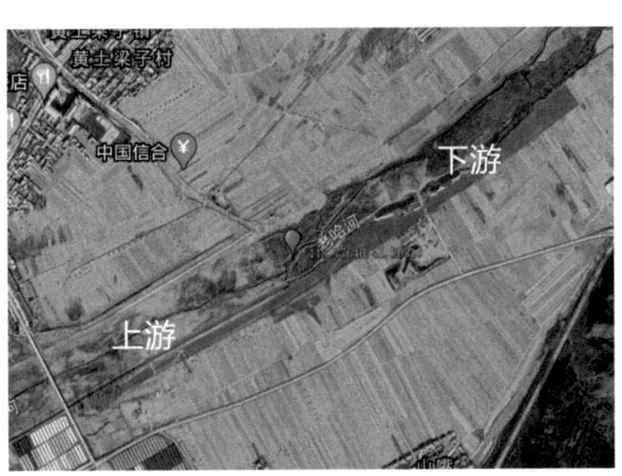

断面情况示意图

自动监测站

断面上游

断面下游

蒙古乌苏

断面名称：蒙古乌苏

断面编码：3CA00R067000_097N0

断面类型：河流

断面级别：市控

断面属性：控制断面

所属水系：辽河水系

所在水体：老哈河

汇入水体：辽河

所在属地：承德市平泉市

责任属地：承德市平泉市

采样方式：涉水

是否季节性河流：否

自动站建设情况：无

断面位置及经纬度：承德市平泉市平北镇沟门村；北纬41.2889°，东经118.8019°

水体描述：水深范围0.2～0.3 m，河宽范围2～3 m

水质状况：2016—2019年共监测4年，2016—2019年水质类别为Ⅲ类，水质状况良好

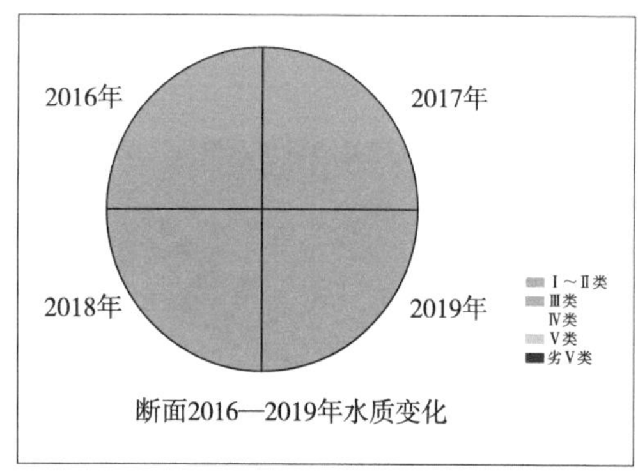

水质状况图

断面情况示意图

断面上游

断面下游

甸子

断面名称：甸子

断面编码：BA06S150400_0001A

断面类型：河流

断面级别：国控 / 省控 / 市控

断面属性：省界

所属水系：老哈河水系

所在水体：老哈河

汇入水体：辽河

所在属地：承德市平泉市

责任属地：承德市

采样方式：涉水

是否季节性河流：否

自动站建设情况：2017 年建站

断面位置及经纬度：承德市平泉市双桥区甸子村界北河东村；北纬 41.1198°，东经 117.9747°

水体描述：水深范围 0.2～0.4 m，河宽范围 6～10 m

水质状况：自 2016 年监测以来，水质状况稳定，呈良好以上水平

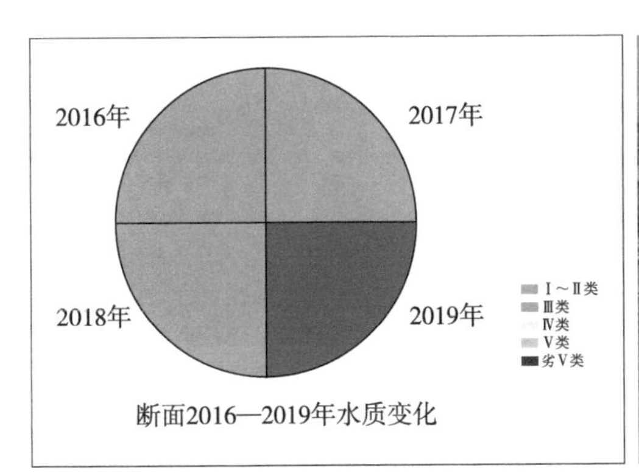

水质状况图

断面情况示意图

自动监测站

断面上游

断面下游

二道河子

断面名称：二道河子

断面编码：3BA00R067000_171N0

断面类型：河流

断面级别：市控

断面属性：控制断面

所属水系：辽河流域

汇入水体：阴河

所在属地：承德市围场满族蒙古族自治县山湾子乡

责任属地：承德市

采样方式：桥采

是否季节性河流：否

自动站建设情况：无

断面位置及经纬度：承德市围场满族蒙古族自治县山湾子乡二道窝铺村；北纬42.3641°，东经117.8586°

水体描述：水深范围0.3～0.5 m，河宽范围4～6 m；冰封期12月—次年3月

水质状况：2016—2019年共监测4年，2016—2019年水质类别为Ⅲ类，水质状况良好

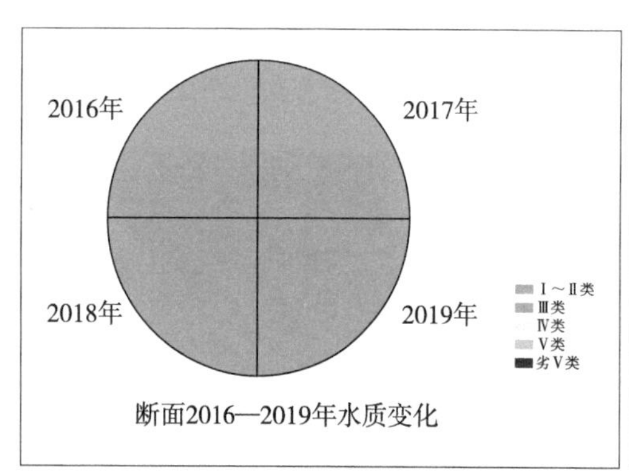

水质状况图

断面情况示意图

断面上游

断面下游

蒙古营子

断面名称：蒙古营子

断面编码：3CA00R067000_096N0

断面类型：河流

断面级别：国控 / 生态补偿断面

断面属性：控制断面

所属水系：辽河流域

所在水体：阴河

汇入水体：辽河

所在属地：承德市围场满族蒙古族自治县张家湾乡

责任属地：承德市围场满族蒙古族自治县

采样方式：岸采

是否季节性河流：否

自动站建设情况：无

断面位置及经纬度：承德市围场满族蒙古族自治县张家湾乡张家湾村，阴河出境入内蒙古；北纬 42.3281°，东经 118.0263°

水体描述：水深范围 0.2～0.3 m，河宽范围 3～5 m

水质状况：2016—2019 年共监测 4 年，2016—2019 年水质类别为Ⅲ类，水质状况良好

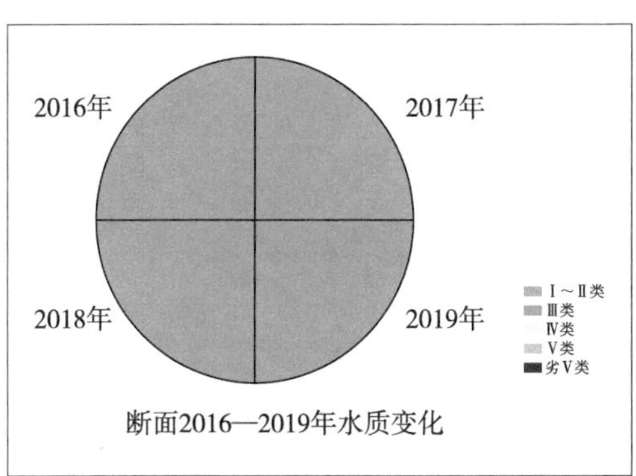

水质状况图

断面情况示意图

断面上游

断面下游

德合公村

断面名称：德合公村

断面编码：3BA04R067000_048N0

断面类型：河流

断面级别：省界

断面属性：控制断面

所属水系：辽河水系

所在水体：七宝丘河

汇入水体：辽河

所在属地：承德市围场满族蒙古族自治县三义永乡

责任属地：承德市

采样方式：涉水

是否季节性河流：断流

自动站建设情况：无

断面位置及经纬度：承德市围场满族蒙古族自治县三义永乡德合公村；北纬 42.3705°，东经 117.9752°

水体描述：断流

水质状况：2016—2019 年共监测 4 年，2016—2019 年水质类别为Ⅲ类，水质状况良好

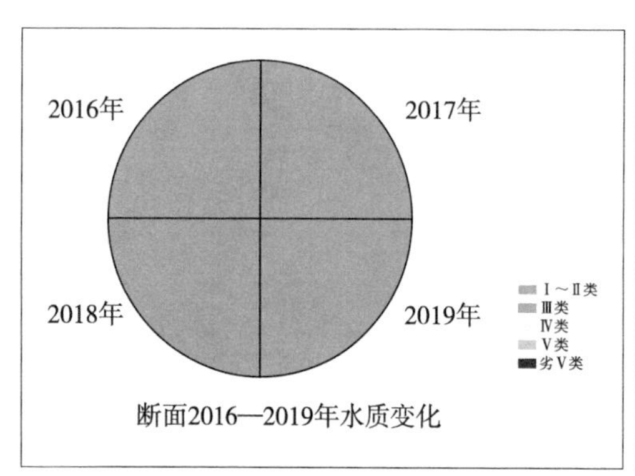

水质状况图

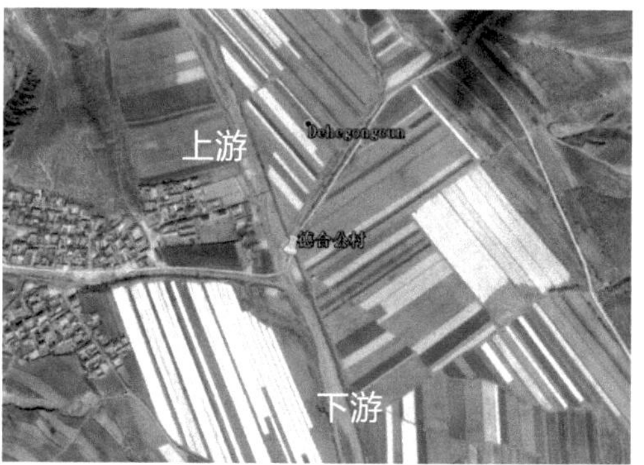

断面情况示意图

断面上游

断面下游

张家湾

断面名称：张家湾

断面编码：3CA00R067000_158N0

断面类型：河流

断面级别：市控

断面属性：控制断面

所属水系：辽河水系

所在水体：阴河

汇入水体：辽河

所在属地：承德市围场满族蒙古族自治县张家湾乡

责任属地：承德市围场满族蒙古族自治县

采样方式：桥采

是否季节性河流：否

自动站建设情况：无

断面位置及经纬度：承德市围场满族蒙古族自治县张家湾乡张家湾村；北纬 42.3388，东经 117.9697°

水体描述：水深范围 0.3～0.5 m，河宽范围 6～8 m

水质状况：2019 年新增断面，水质类别为Ⅲ类，水质状况良好

断面情况示意图

断面上游

断面下游

二道河水库

断面名称：二道河水库

断面编码：3CA00R067000_170N0

断面类型：河流

断面级别：国控 / 生态补偿跨界断面

断面属性：控制断面

所属水系：辽河流域

汇入水体：辽河

所在属地：承德市围场满族蒙古族自治县

责任属地：承德市

采样方式：岸采

是否季节性河流：否

自动站建设情况：无

断面位置及经纬度：承德市围场满族蒙古族自治县杨树湾乡兴巨德村；北纬 42.0880°，东经 118.1540°

水体描述：水深范围 0.3～0.5 m，河宽范围 8～10 m；冰封期 12 月—次年 3 月

水质状况：2016—2019 年共监测 4 年，2016—2019 年水质类别为Ⅲ类，水质状况良好

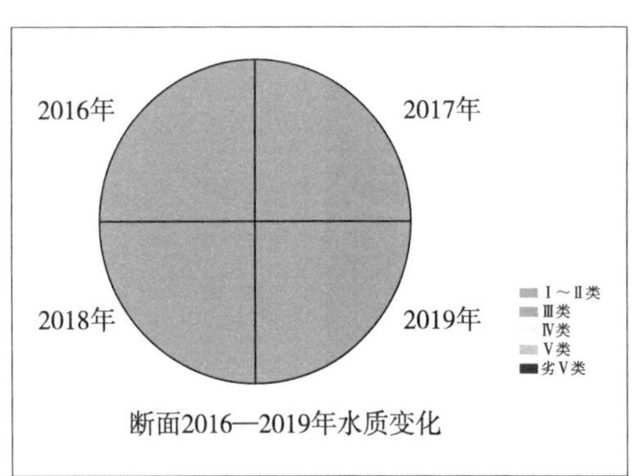

水质状况图

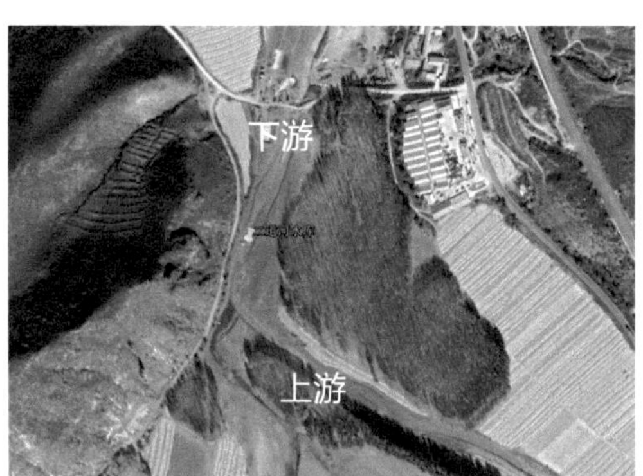

断面情况示意图

断面上游

断面下游

杨家湾

断面名称：杨家湾

断面编码：3CA04R067000_151N0

断面类型：河流

断面级别：省界

断面属性：控制断面

所属水系：辽河水系

所在水体：喇嘛地河

汇入水体：辽河

所在属地：承德市围场满族蒙古族自治县杨家湾

责任属地：承德市围场满族蒙古族自治县

采样方式：岸采

是否季节性河流：否

自动站建设情况：无

断面位置及经纬度：承德市围场满族蒙古族自治县杨家湾乡兴巨德村；北纬 42.0798°，东经 118.0291°

水体描述：水深范围 0.3～0.4 m，河宽范围 5～8 m

水质状况：2016—2019 年共监测 4 年，2016—2019 年水质类别为Ⅲ类，水质状况良好

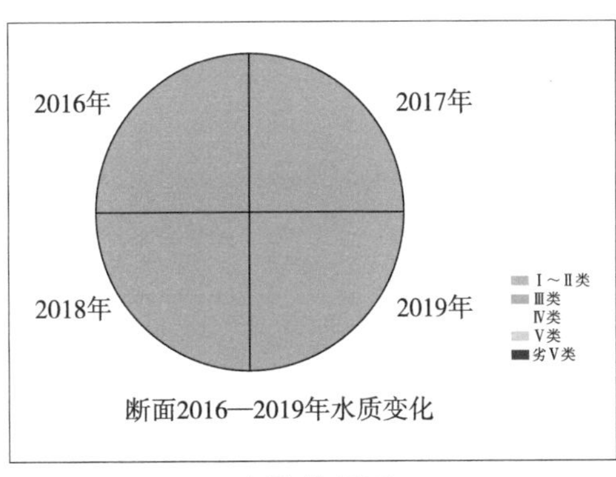

水质状况图

断面情况示意图

断面上游

断面下游

3.4 大凌河水系

大凌河水系发源于平泉市东北部的榆树林子和九神庙分水岭，承德境内流域面积为434.9 km^2，境内干流全长为4.87 km。大凌河水系在承德市境内流域面积100 km^{2}以上的有3条河流，分别为大凌河西支（大凌河水系一级支流）、榆树林子河（大凌河水系二级支流，上一级河流为大凌河水系一级支流大凌河西支）和宋杖子河（大凌河水系二级支流，上一级河流为大凌河水系一级支流大凌河西支）。

大凌河水系在承德市境内无流域面积≥1 000 km^{2}的河流。

承德市境内大凌河水系跨省界河流2条，为大凌河水系一级支流大凌河西支（河北省平泉市—辽宁省凌源市）和大凌河水系二级支流宋杖子河（河北省平泉市—辽宁省凌源市）；

该水系在承德市境内无跨市界、县界河流。

“十四五”承德市大凌河水系预设置河流监测断面有3个，分布于大凌河水系一级、二级支流，共计涉河流3条。

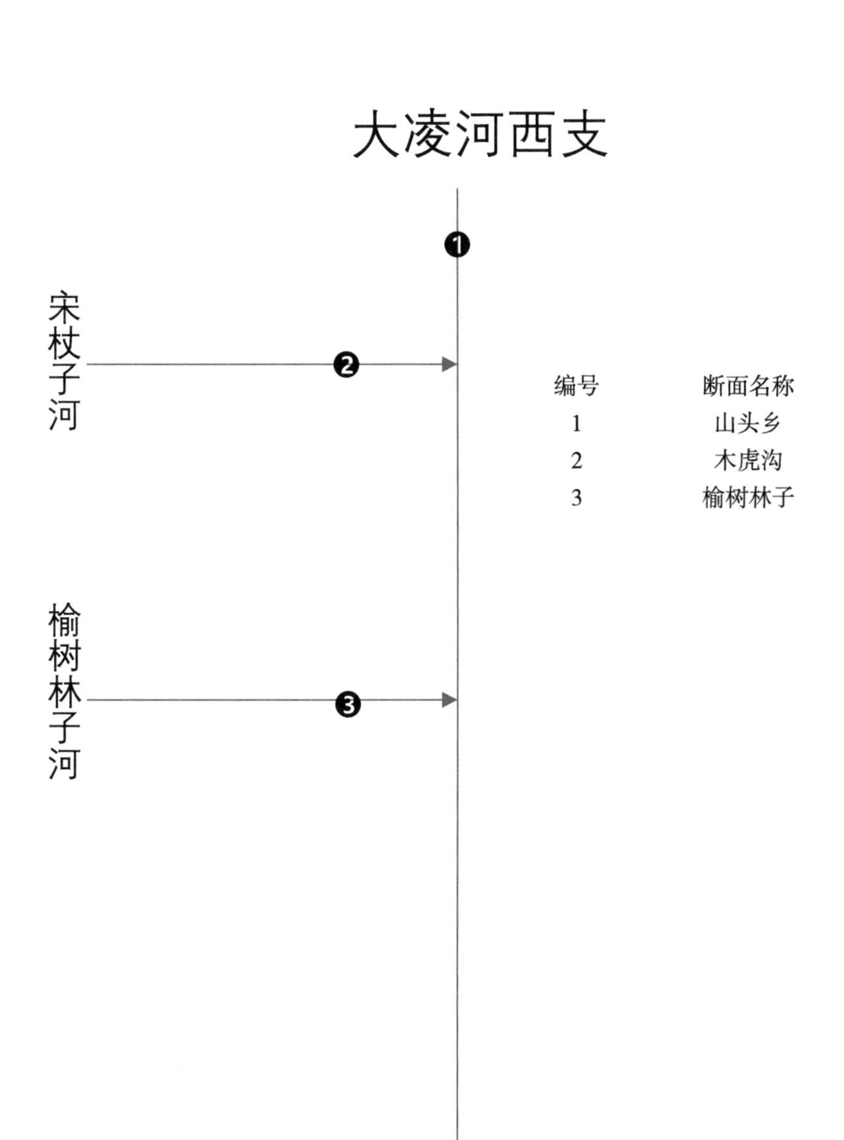
大凌河西支
1
宋杖子河
2
榆树林子河
3
编号　断面名称
1　山头乡
2　木虎沟
3　榆树林子

山头乡

断面名称：山头乡

断面编码：3BF00R067000_121N0

断面类型：河流

断面级别：市控

断面属性：控制断面

所属水系：大凌河水系

所在水体：大凌河西支

汇入水体：大凌河

所在属地：承德市平泉市

责任属地：承德市平泉市

采样方式：涉水

是否季节性河流：否

自动站建设情况：无

断面位置及经纬度：承德市平泉市山头乡；北纬 41.0573°，东经 119.0655°

水体描述：断流

水质状况：2016—2019 年共监测 4 年，2016—2019 年水质类别为Ⅲ类，水质状况良好

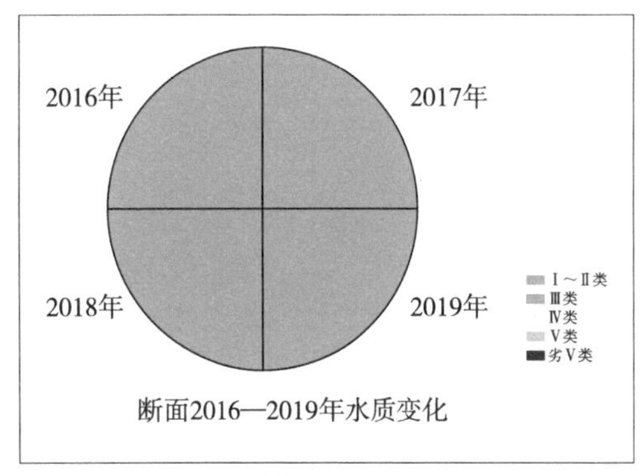

水质状况图

断面情况示意图

断面上游

断面下游

木虎沟

断面名称：木虎沟

断面编码：3CA04R067000_099N0

断面类型：河流

断面级别：市控

断面属性：省界

所属水系：大凌河水系

所在水体：宋杖子河

汇入水体：大凌河

所在属地：承德市平泉市

责任属地：承德市平泉市

采样方式：涉水

是否季节性河流：否

自动站建设情况：无

断面位置及经纬度：承德市平泉市木虎沟；北纬 41.1097°，东经 119.1571°

水体描述：断流

水质状况：2016—2019 年共监测 4 年，2016—2019 年水质类别为Ⅲ类，水质状况良好。

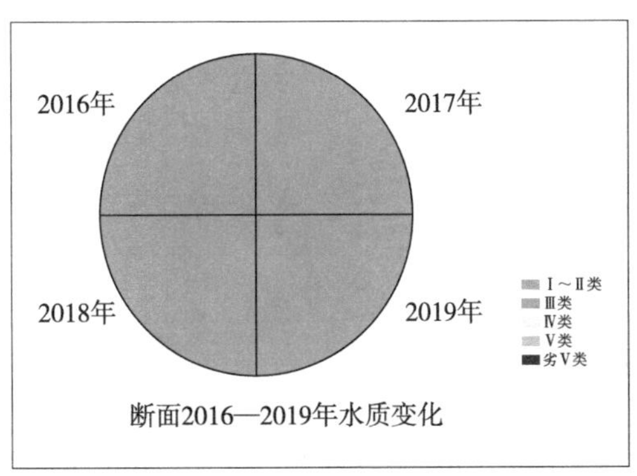

水质状况图

断面情况示意图

断面上游

断面下游

榆树林子

断面名称：榆树林子

断面编码：3BF00R067000_156N0

断面类型：河流

断面级别：市控

断面属性：控制断面

所属水系：大凌河水系

所在水体：榆树林子河

汇入水体：大凌河

所在属地：承德市平泉市

责任属地：承德市平泉市

采样方式：涉水

是否季节性河流：否

自动站建设情况：无

断面位置及经纬度：承德市平泉市榆树林子镇榆树林子村；北纬 41.2457°，东经 119.2084°

水体描述：断流

水质状况：2016—2019 年共监测 4 年，2016—2019 年水质类别为Ⅲ类，水质状况良好

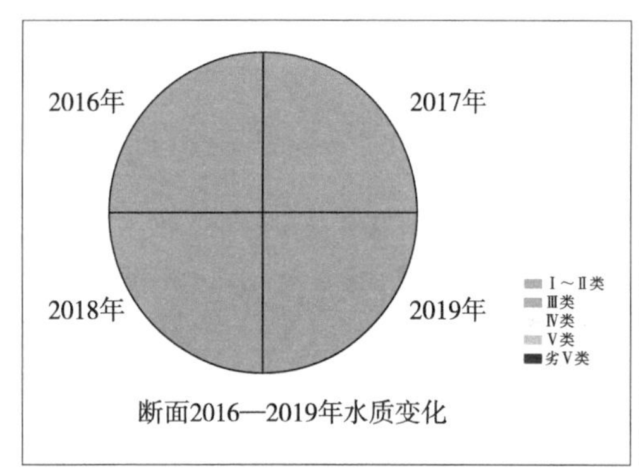

水质状况图

断面情况示意图

断面上游

断面下游

3.5　重要水源涵养功能区和重点自然保护区等特殊水体

根据“十四五”承德市地表水环境质量监测断面设置原则，承德市地表水环境质量监测断面布设要突出承德市“建设京津冀水源涵养功能区”功能定位，增设重点水土保持功能区、重点生态功能保护区、重点自然保护区、主要风景名胜区地表水（天然湖泊）环境质量监测点位。

据此工作原则，承德市新增地表水环境质量监测点位有 6 个，分别为塞罕坝天然湖泊监测点位（将军泡子、月亮湖）、承德市避暑山庄湖区监测点位（水心榭、芳园居、金山亭、热河）、丰宁县潮河源监测点位、丰宁县滦河源监测点位、围场县滦河上源监测点位、《承德市潮河流域生态环境保护规划》（2018—2025 年）中具重要水源涵养功能及水土保持功能的生态保护红线内潮河段及潮河下游段新增设地表水环境质量监测点位（选择有代表性的潮河丰宁县黄旗镇、丰宁县窟窿山乡和滦平虎什哈镇 3 个监测点位）、《承德市潮河流域生态环境保护规划》（2018—2025 年）中 3 个建设开发项目区（具有环境污染风险）潮河段及下游段新增设地表水环境质量监测点位（选择有代表性的潮河丰宁县土城镇、丰宁县小坝子乡 2 个监测点位）、《承德市潮河流域生态环境保护规划》（2018—2025 年）中河流生态缓冲区（以拦截流域面源污染为主要目的）潮河段及下游段新增设地表水环境质量监测点位（选择有代表性的潮河丰宁县城下游、丰宁县南关蒙古族乡新增设地表水环境质量监测点位）。

“十四五”承德市预设置重要水涵养功能区和重点自然保护区等特殊水体监测断面有 6 个。

将军泡子

断面名称：将军泡子

断面编码：3CA00R067000_064N0

断面类型：湖泊

断面级别：市控

断面属性：控制断面

所属水系：滦河水系

所在水体：湖泊

汇入水体：—

所在属地：承德市围场满族蒙古族自治县

责任属地：承德市围场满族蒙古族自治县

采样方式：桥采

是否季节性河流：否

自动站建设情况：无

断面位置及经纬度：承德市围场满族蒙古族自治县机械林场；北纬 42.4632°，东经 117.2173°

水体描述：水深范围 1.5～2.5 m，河宽范围 80～100 m

水质状况：2019 年新增断面，2019 年水质类别为Ⅲ类，水质状况良好

断面情况示意图

断面上游

断面下游

月亮湖

断面名称：月亮湖

断面编码：3CA00R067000_157N0

断面类型：湖泊

断面级别：市控

断面属性：湖泊

所属水系：湖泊

所在水体：无

汇入水体：无

所在属地：承德市围场满族蒙古族自治县机械林场

责任属地：承德市围场满族蒙古族自治县

采样方式：船采、岸采

是否季节性河流：否

自动站建设情况：无

断面位置及经纬度：承德市围场满族蒙古族自治县机械林场；北纬 42.3493°，东经 117.3865°

水体描述：水深范围 1.5～2.5 m，河宽范围 150～400 m

水质状况：2019 年新增断面，水质类别为Ⅲ类，水质状况良好

断面情况示意图

断面上游

断面下游

水心榭

断面名称：水心榭
断面编码：3CA00L067000_131N0
断面类型：湖区
断面级别：湖泊
断面属性：市控
所属水系：滦河水系
所在水体：避暑山庄湖区
汇入水体：—
所在属地：承德市双桥区避暑山庄景区
责任属地：承德市双桥区
采样方式：岸采、船采

是否季节性河流：否
自动站建设情况：无
断面位置及经纬度：承德市双桥区避暑山庄景区；北纬 40.9907°，东经 117.9510°
水体描述：水深范围 0.2～2 m，河宽范围 15～20 m
水质状况：2016—2019 年共监测 4 年，2016—2019 年水质类别为Ⅲ类，水质状况良好

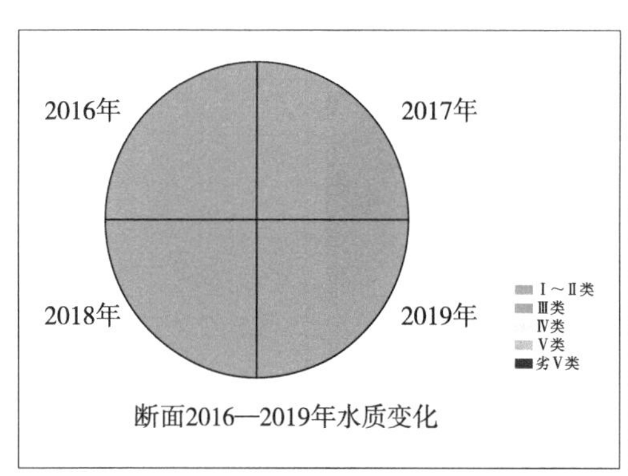

水质状况图

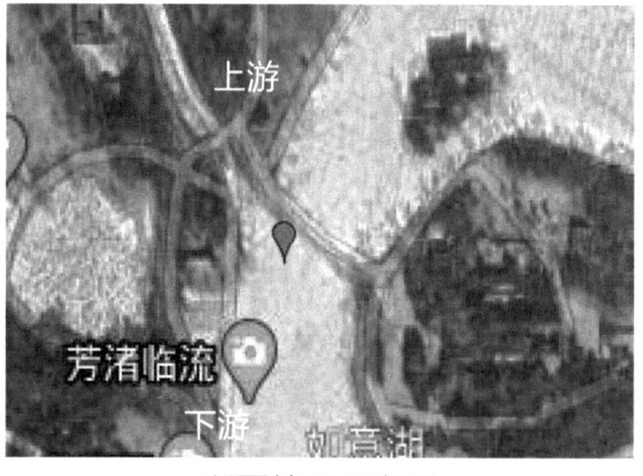

断面情况示意图

断面上游

断面下游

芳园居

断面名称：芳园居

断面编码：3CA00R067000_173N0

断面类型：湖区

断面级别：市控

断面属性：控制断面

所属水系：滦河水系

汇入水体：—

所在属地：承德市双桥区避暑山庄景区

责任属地：承德市

采样方式：岸采、船采

是否季节性河流：否

自动站建设情况：无

断面位置及经纬度：承德市双桥区避暑山庄景区；北纬 40.9935°，东经 117.9477°

水体描述：水深范围 0.2～2 m，河宽范围 20～30 m；冰封期 12 月—次年 3 月

水质状况：2016—2019 年共监测 4 年，2016—2019 年为Ⅲ类，水质状况良好

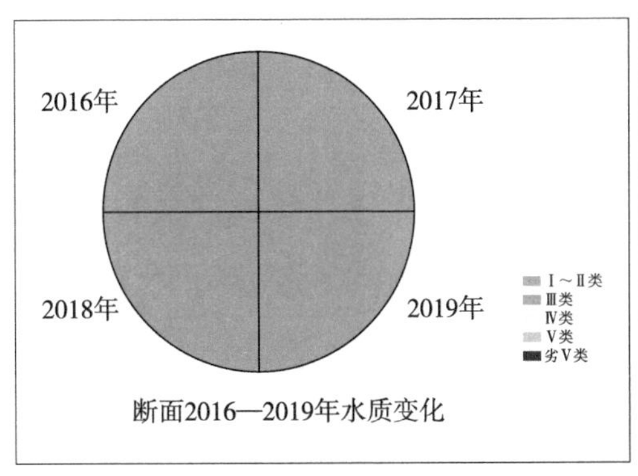

水质状况图

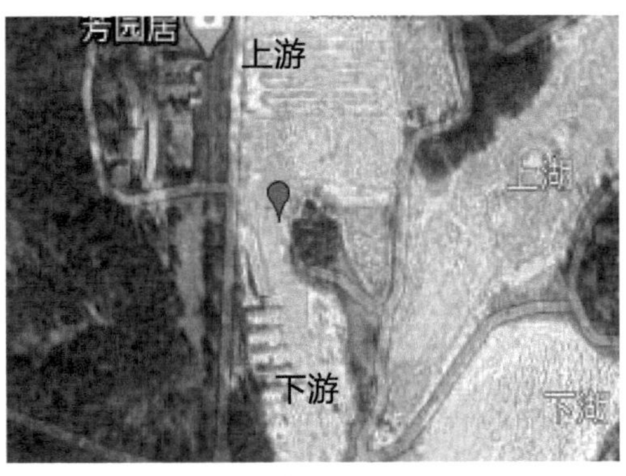

断面情况示意图

断面上游

金山亭

断面名称：金山亭

断面编码：3CA00R067000_067N0

断面类型：湖泊

断面级别：市控

所属水系：滦河水系

所在水体：湖泊

汇入水体：—

所在属地：承德市双桥区避暑山庄景区

责任属地：承德市双桥区

采样方式：船采

是否季节性河流：否

自动站建设情况：无

断面位置及经纬度：承德市避暑山庄湖区；北纬 40.9954°，东经 117.9334°

水体描述：水深范围 0.3～2.2 m，河宽范围 20～25 m

水质状况：2016—2019 年共监测 4 年，2016—2019 年水质类别为Ⅲ类，水质状况良好

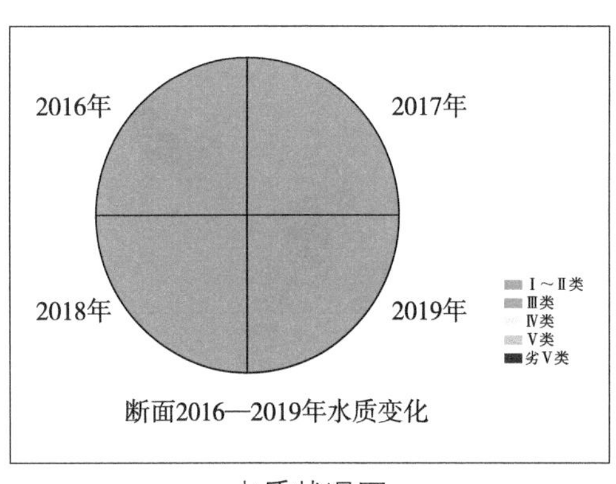

水质状况图

断面情况示意图

断面上游

断面下游

热河

断面名称：热河

断面编码：3CA00L067000_114N0

断面类型：湖区

断面级别：市控

断面属性：控制断面

所属水系：滦河水系

所在水体：避暑山庄湖区

汇入水体：—

所在属地：承德市双桥区避暑山庄景区

责任属地：承德市双桥区避暑山庄景区

采样方式：桥采

是否季节性河流：否

自动站建设情况：无

断面位置及经纬度：承德市双桥区避暑山庄景区；北纬 40.9981°，东经 117.9536°

水体描述：水深范围 0.2～1.8 m，河宽范围 5～20 m

水质状况：2016—2019 年共监测 4 年，2016—2019 年水质类别为Ⅲ类，水质状况良好

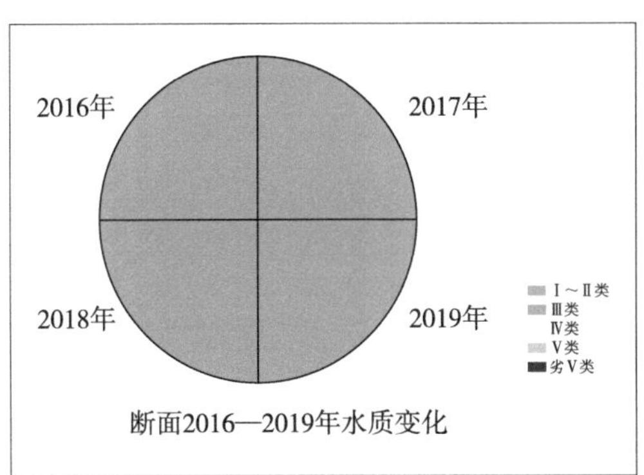

水质状况图

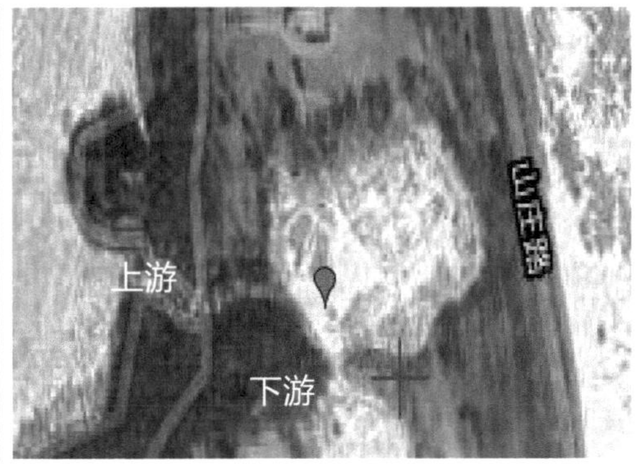

断面情况示意图

断面上游

断面下游

结　语

本书系统阐述了生态水文专题图集的前期数据准备、图集制作规范、图集制作流程及其特点，并以 ArcGIS 为平台，选择承德市辖区内的滦河水系、北三河水系、辽河水系和大凌河西支水系作为研究区，通过模板化制图技术，制作了本专题图集。该图集作为承德市水专项“十三五”研究成果的一部分，具有系统化结构、表现直观、易于理解等优点，是指导承德市水生态系统驱动机制研究和分区技术研究的基础性图集，可以为地方的生态环境、水利等部门提供相关信息，并为“十四五”承德市环境质量监测网络的建设、实施流域内水体污染防治规划、加强流域水体污染防治工作提供参考。

本研究所展示的河流历史、地理数据、水文地质信息、气象数据得到了河北省地质四队、承德市统计局、承德市水务局、承德市气象局等部门的资料支持，在此表示感谢！

承德市河流历史环境监测数据、水生态功能分区有关数据为承德市环境监控中心、承德市水务局历年监测数据，在此注明。

参考文献

[1] 流域生态水文专题图集的制作 . 北京师范大学水科学研究院水沙科学教育部重点实验室；河南理工大学 . 李磊，徐宗学，李艳利。编号：1009-2307（2013）04-0175-04.

[2] 董哲仁 . 河流生态系统研究的理论框架［J］. 水利学报，2009，40（2）：129-137.

[3] 白占雄，张丽君，江西林，等 . ArcGIS 在台州生态市建设规划中的应用［J］. 中国水土保持，2006（4）：47-49.

[4] 蔡昌盛，孙久运，张华，等 . 基于 ArcView 的环境专题图的制作［J］. 矿山测量，2003（2）：25-26.

[5] 廖克，齐清文，池天河 . 中国国家自然地图集：电子地图集的研制［J］. 地球信息科学，2008，10（3）：285-290.

[6] 程传录，杨艳梅，韩买侠 .《中华人民共和国大地测量图集》（2004 年版）制作［J］. 测绘通报，2009（4）：65-68.

[7] 张勇，王浩，单光，等 . 环境保护总体规划图集设计［J］. 环境科学研究，2010，23（6）：789-798.

[8] 张晶，周为峰，曹晓怡，等 . 基于数据库和 GIS 支持的渔业捕捞环境图集制作［J］. 测绘科学，2009，34（5）：229-231.

[9] 梁忠民，王军，施晔 . 基于 GIS 技术的江河洪水风险图编制［J］. 中国防汛抗旱，2009（1）：54-57.

[10] 刘纪平 . 地图数据库图形输出中要素关系处理［J］. 测绘学报，1994，23（3）：222-228.